生命，因閱讀而大好

釀

啤酒。

從女巫湯到新世界霸主，忽布花與麥芽的故事

法蘭茲‧莫伊斯朵爾弗、馬丁‧曹恩科夫 ——

著

CHAPTER 3　古文明 V.S 啤酒釀造
陽光與烈火催化五千年釀酒史

CHAPTER 4　中世紀釀酒新秩序
飲用及釀造權之爭

從麥田至釀酒用麥芽的製麥工序

大麥穀

大麥

不潔物

清潔與分類

飼料用大麥

釀啤酒用大麥

儲藏

圓塔狀大麥儲倉

浸泡軟化

加水

軟化穀子

發芽的穀子

發芽

空氣

發芽箱

乾燥

焦糖化

乾燥

空氣

烘乾機

空氣

焦糖化
糖化

烘焙

130℃
70℃
130℃
70℃

烘焙滾筒

已烘乾（乾燥）的穀粒

已焦糖化的穀粒

已烘焙的穀粒

除芽

麥芽

麥芽粒

儲藏

前往釀酒廠

圓塔狀麥芽儲倉

從煮沸鍋至裝瓶的啤酒釀造過程

圓塔狀麥芽儲倉
粗碾穀粒機
添加酵母
麥芽漿加溫鍋
加水
過濾槽
麥芽殘渣
添加啤酒花
麥汁煮沸鍋
旋渦槽
麥汁冷卻設備
貼標籤
封瓶
灌裝
檢查
酒瓶清潔
啤酒過濾設備
酒桶外部與內部清潔
灌裝
儲存槽
發酵槽
酵母剩餘產物

人類與啤酒——
跨越歐、亞、非，五千年釀造史

關於啤酒釀造的起源與發展，如今所知皆來自文字記載，多是根據前人口述，再由後人記錄下來的。其中包括釀酒師的陳述與描繪，以及相關文物的科學鑑定分析。

無論可供佐證的資料來源為何，都必須多方驗證；某個不經意的發現，並不足以代表整個時代或某種文化的現象。因此，在追溯啤酒釀造起源時，對於任何發現，我們都得謹慎仔細地推敲；對於相關文獻，也要以同樣的原則檢視其內容。

啤酒到底是什麼？

含酒精飲料的釀製，其實就是一種糖液的發酵過程。作為發酵用的糖液，有些是原本就含糖分，例如果汁或蜂蜜；但有些卻得靠澱粉來幫助釋出。這個將含澱粉原料轉換為含糖麥芽汁的步驟，就是啤酒與葡萄酒、蜂蜜酒的差別。

根據這個定義，原料為蜂蜜的蜂蜜酒，以及由奶類製成的馬奶酒就不是啤酒，而被歸類為米酒。至於啤酒與烈酒區分的重點，則

在於發酵後的酒體是否要經由蒸餾來提高酒精濃度。此外，啤酒還有一大特點，就是絕對存在的泡沫，這是其他飲料沒有的。這些泡沫不僅能保留啤酒中所含的二氧化碳，也防止風味流失，還有減緩液體氧化與防塵的作用。

翻開史上所有記載，我們得知，經發酵並含酒精的飲料，實屬人類文化不可或缺的部分。雖然不同時代所看重的價值會有些許差異，但啤酒具備的四大特點，讓古往今來的人將之視為珍寶。

1. 大受歡迎的液體麵包

我們生活的時代，可說是前所未有的舒適，日常飲水不但取用方便，而且顯得理所當然。然而，這對過往的年代，甚至當今世界的某些角落來說，並不是那麼天經地義的。在古代，尤其人口眾多、生活空間狹小的地區，水資源被病菌汙染是常有的事，相較之下，啤酒反倒能讓人安心飲用，因為酒精成分與碳酸，以及較低的pH值，能有效降低受到汙染的風險。

此外，啤酒的營養價值很高，直到西元17世紀為止，仍是許多人每日主要的飲食內容之一。啤酒會如此受歡迎，不僅僅是因為誘人的酒精成分，也由於富含有機酸與香味，讓那時代的人喝下肚後，覺得比什麼食物與飲料都美味順口，一道道以啤酒入菜的佳餚

正是這樣端上桌的。

　　啤酒也是很好的維他命、微量元素及其他有益健康成分的來源。尤其對以穀物為主食的人們來說，啤酒更是促進健康的膳食補充品。另外像航海人員，在無法每日靠岸補充儲水的狀況下，帶些容易保存、又有營養的飲品上船，更是重要的事。為何航海國家對啤酒釀造技術的改良貢獻良多？了解上述原因後，就不須太訝異了。

2. 醉醺醺的必要性

　　若以當代眼光來審視古文化，知道醉醺醺的狀態竟曾具有某些儀式上的意義，一定覺得難以理解。那時的人們，為了與神明及亡者取得聯繫，會想辦法讓醉意更濃厚，或藉由迷魂藥來達成。因此，許多文化的神話與宗教裡，都將啤酒作為神聖的起源。

　　啤酒在儀式中占有一席之地的情形並不少見，甚至日後也在巫術與調製愛情魔藥裡參上一腳。而有了罌粟汁（Mohnsaft）、天仙子（Bilsenkraut）、烏頭屬植物（Eisenhut）及麥角（Mutterkorn）的加強，不僅更容易釋放產生心理作用的成分，酒精還讓其效果更顯著。

　　在此也提醒讀者，千萬別將上述那些含有劇毒的物質加到食物裡，食用了會對身體造成極大傷害！

3. 具療效的滋養品

啤酒既然能讓刺激心理的成分發揮效力，自然也能與其他成分共起作用。拿啤酒當某些藥物的材料，已行之有年。啤酒本是一種等滲透壓飲料，不僅含有豐富養分，還是能幫助身體復原的滋養品。此外，啤酒亦可讓人放鬆與鎮定，在治療疾病上有頗高的價值。

4. 聚會的社交媒介

微醺的感覺在許多文化裡都是共同經驗，眾人在酒酣耳熱之際，不知不覺形塑出難以言喻的行為準則。古時各種社交聚會中，暢飲酒精飲料是理所當然的。在這些把酒言歡的場合裡，不僅讓人心生歸屬感，各人在此盛宴裡的社會地位也一目了然。但這情形只持續至西元18世紀，自此之後，關於大宴小酌的種種規矩，都逐漸改變了。

哪些條件影響啤酒釀造？

　　氣候、城市化與貿易，自石器時代以來就影響啤酒在社會上所代表的意義。啤酒是一種穀物製品，其釀造成果直接與釀製用穀類的取得條件相關，因此啤酒文化多出現在穀物產量豐富且易得的地區與時代；無法栽植穀物或得自外地進口穀類產品之處，就會以釀製葡萄酒或奶類酒為優先。

　　長遠來看，氣候也左右了某地飲用葡萄酒或啤酒的習慣。基本上，較溫暖的氣候不利於啤酒釀造，發酵過程太快速而難以掌控，保存期限縮短，酒體受有害物質汙染的風險提高。過往的歷史也證明，冰天雪地時，啤酒反而更受大眾歡迎。因此，許多重要釀造技術的突破與創新都發生在寒冬，並非純屬巧合。

　　啤酒原本就是地方性的產物，為早期墾殖城鎮的人們供應物美價廉又衛生健康的飲品；因為有品質良好及節省儲存空間的原料，隨時可視需要就地生產。但由於啤酒保存不易、運輸費用高、價格變動過大，有很長一段時間，若要獲利，銷售地僅止於產地方圓幾里之內，或供海上航行時飲用。直到西元15世紀，添加忽布花的啤酒出現後，受歡迎的高品質啤酒才開始經由陸路銷售。

釀・啤酒
──水、麥芽、忽布花的相遇

黃金酒液中的祕密

影響品質的關鍵——水質

啤酒有90%的成分是水，這就是為何水質能影響啤酒好壞的原因；水的硬度也左右了處理過程及品質特點。自古以來，釀酒坊擁有的水源都被優先用於釀酒。在人們發明硬水軟化法去除決定水質軟硬的物質（例如碳酸鈣）之前，一地方的水質往往賦予該區所產啤酒的個性與特色。

釀造的主要原料——麥芽

釀酒用的麥芽皆出自於高品質大麥，每年至少有10～25個新品種被全歐各地的大麥種植者帶到德國聯邦植物品種局（Bundessortenamt）登記。這些新品種會在許多地點受測3年，檢測的重點是農產品相關特徵，包括產量高低、穩定性佳否、有無良好抗病性，及其製造麥芽與釀酒的特性等。

迷人香氣之靈魂——忽布花

忽布花（即啤酒花）[1]，視其苦味成分多寡，可區分為偏苦味或偏

❶ 忽布花（即啤酒花，Humulus lupulus）：學名為蛇麻花，大麻科的一屬，大麻（Cannbis）與其同科。

15

香氣的品種；偏苦味的忽布花含較多α-酸，而偏香氣品種則有更多的酒花油。由於基因組成不同，每種忽布花各具獨特的香味特徵，這決定了它的香氣與苦味等級，並影響啤酒的風味。此外，忽布花亦含抗氧化的多酚物質，非常有益健康。

除了品種，種植區域也扮演重要角色。德國巴伐利亞有Hallertau、Hersbruck與Spalt品種；巴登‧符騰堡邦與中德易北河–薩爾河流域則產Tettnang種；而捷克所產的Saaz品種，向來具有重要地位。放眼全球市場，美國、紐西蘭與澳洲的忽布花也獨具風味，競爭力不容小覷。

完成發酵的必備物——酵母

酵母菌的細胞重量不輕，無法在距離較遠的狀況下經由空氣傳播，因此釀酒環境若被汙染，例如木桶不乾淨，便會引發自然發酵現象，且多半是啤酒酵母、野生酵母與酸菌共同作用的結果。一直到丹麥釀造科學家愛彌兒‧克里斯堤安‧韓森（Emil Christian Hansen，西元1842～1909年）致力研究酵母的培育後，單一酵母品種才有辦法在無菌環境下繁殖，並保有其特性。因此，現今的釀造業者才有具備無數分離菌株（單一、純淨的酵母）的釀酒酵母資料庫可利用，能隨時按照需求選擇適合的酵母。

酵母可分為頂層發酵酵母與底層發酵酵母。學名為Saccharomyces

cerevisiae的頂層發酵酵母，在出芽過程會形成許多分枝，這些枝芽會附著在發酵時所產生的二氧化碳泡沫上，並往頂層生長。而底層發酵酵母Saccharomyces pasteuriuanus，據稱可能是Saccharomyces cerevisiae與Saccharomyces eubayanus交配繁衍的品種，釀造過程結束後會向下沉積在底部。

以製麥工序決定啤酒種類

在糖化的過程裡，酵素（酶）會將碳水化合物與蛋白質分解為糖分與氨基酸。為了使用酵素進行這個程序，需要生產麥芽。麥芽是大麥發芽的成果，發出芽後須進行乾燥以利保存。整個製麥工序因此得分成三個階段進行：軟化、發芽與乾燥。

軟化時，須將穀子浸泡在水中，讓它在2天內增加一半左右的重量，接著精準控制濕度與溫度來幫助催芽。進行這個製麥工序的目標，就是要讓穀子擁有高含量的酵素，又能盡量保有原來的成分。此外，為了防止麥粒生根及長出葉子，約5天就得中止催芽，並將這階段的產物綠麥芽放入烘烤器（可進行烘乾並輕度焙烤的設備）中乾燥。一般會

先溫和地漸漸加熱至50℃，待水分不斷排出後，再提高至80℃或更高，如此才能產生顏色與香氣。溫度越高，麥芽的顏色越深，香氣也會更濃郁，由此形成之後將醞釀出的啤酒風味。以80℃烘焙的淺色麥芽，稱為皮爾森麥芽（Pilsner Malz）；90℃烘出的是維也納麥芽（Wiener Malz）；而100℃烘得的深色麥芽則是慕尼黑麥芽（Münchner Malz）。這些不同色澤的麥芽之所以使用地名來命名，與其釀造用水有關。慕尼黑的水質較硬，向來適合釀造深色啤酒；而甘甜柔軟的皮爾森[2] 地區水質，則能釀出非常清澈的淡色啤酒。至於維也納的水質，則介於兩者之間。

烹煮麥芽汁的方法

　　由穀物澱粉所轉化的含糖液體——麥芽汁，勾勒出整個啤酒釀造文化的面貌。製漿用的木勺、木瓢，便是最具代表性的釀酒師標誌。一名釀酒師的功力，完全顯現在他調製的麥芽汁中。糖分、蛋白質、維他命與其他可溶性物質的含量越高，原麥汁所占比例就越高，釀造出的啤酒

---

❷ 皮爾森：Pilsen，位於捷克波希米亞西部的城市。

將更加濃烈與醇厚。

　　普遍來說，啤酒的原麥汁含量約為11～12%，經過發酵後會產生酒精，含量通常是原麥汁的1/3，大概占整份啤酒的3.7～4.0%。根據歐盟的規定，酒精含量必須以容積百分比的方式註明在酒瓶標籤上，便是介於4.7～5.0%的濃度。這種濃度的啤酒，仍含有約4%的萃取物，也就是集蛋白質、苦味成分、單寧酸、礦物質與維他命大成的精華。

　　根據原麥汁的含量，還可將啤酒做其他分類。例如，原麥汁含量7～8%的淡啤酒（Leichtbiere）、含量12～14%的出口-特製啤酒（Exportbiere，Spezialbiere），以及含量16%的烈性黑啤酒（Bockbiere）與含量18%的雙倍烈性黑啤酒（Doppelbockbiere），這種啤酒的酒精濃度有7.5%以上；而某些超級烈性的啤酒，酒精濃度甚至高達50%，需要特別的製程才能釀造。近三十年來，還誕生了一種酒精濃度只有0.5%以下的無酒精啤酒（Alkoholfreie Biere）。想製出這種低度數的啤酒，有兩種方法，一是非常早即終止發酵過程，二是將普通啤酒藉由某種物理程序去除酒精成分。

　　在現代的釀酒廠裡，因為工序緊湊，每個步驟都得快速推進。清洗準備好的麥芽，然後送到磨穀機裡碾碎，再注入釀酒用水，並一段一段加溫（間歇性加熱），因為酵素分離澱粉與蛋白質需要不同的溫度。

　　酵素可經由各種管道產生，一般是從麥芽而來，但也有從未經

發芽的穀物中取得的做法，甚至可藉由添加外來物，例如黴菌或某些工序中的副產品來獲得。整個澱粉糖化的過程從加熱至50℃開始，這時裡面所儲存的蛋白質就會被蛋白酶（酵素酶幫忙解構蛋白質）分解（成為蛋白剩餘產物），然後將溫度提高至65℃，讓澱粉轉化為麥芽糖（出現麥芽糖剩餘產物）。接著，為了分解高分子狀態的麥芽漿糊精（Dextrine），溫度將調整到70～72℃。最後達75～78℃時，只剩下分解澱粉用的酶會繼續作用。整個過程大約持續2～3小時，視該酵素的強度、麥芽漿的濃度與所需啤酒種類而定。

　　接下來，製好的麥芽漿將被抽至過濾槽（Läuterbottich）中分離，這是一種底部裝設濾網的容器，可把麥渣分離出來成為濾層。經由這個程序，即能產出清澈的麥汁。今日通行的標準是，第一道麥汁（前麥汁）約含有18%的萃取物；麥汁被分離出來後，過濾好的麥渣會再以75℃熱水進行洗槽程序，這回產出的麥汁將比前階段的口味苦且顏色深，一般被歸為次級產品。洗槽的次數越多，上述特色就會越明顯。最後一次洗槽所流出的液體，即所謂的清麥汁（Glattwasser），麥芽萃取物的含量已經微乎其微。過去有人將這種液體製成較劣質的啤酒，如今的業者有時便將它直接倒進下個步驟的鍋爐中，如此還能產出一種含11～12%萃取物的麥汁。順帶一提，那些仍含若干糖分的麥渣，可是很有價值的牲畜飼料。

接下來，得把麥芽汁注入煮沸鍋中，煮上1.5小時，這時也是添加忽布花的好時機；過去大家多使用花朵狀忽布花，現今則偏好加入利於保存的酒花油或經研磨壓縮的顆粒狀忽布花。在煮沸的麥汁中，忽布花釋出的 α-酸轉化成活性狀態，因烹煮的過程會凝聚高分子蛋白，於是較劣質的香味成分被蒸發，酵素失去活力，為麥汁帶來殺菌的效果。

煮沸過程到此告一段落，烹煮完成的麥汁將自鍋爐泵入漩渦槽中，進行漩渦攪拌，經此產生的沉澱物質（蛋白質與忽布花剩餘物）會被送往容器內部。待固體、液體分離完畢後，便將麥汁移到熱交換器中冷卻至7～15℃。這種待發酵麥汁，接下來就會被注入發酵槽中。

從發酵到儲藏酒液

下一個步驟，是在待發酵的麥汁中加入新繁殖出的酵母。當今盛行的啤酒，多是以底層發酵的窖藏啤酒（Lagerbiere，拉格啤酒）為概念去調製的。這款啤酒的發酵溫度為7～10℃（如今產出的原麥汁也能以15℃進行發酵）。至於頂層發酵的啤酒，則需要18～25℃才能發酵。巴伐利亞的小麥啤酒（Weizenbier）、萊茵地區的老啤酒（Altbiere）或是

科隆啤酒，以及柏林白啤酒（Berliner Weiße），都是頂層發酵的啤酒。另外，比利時與英國的愛爾（Ales）及司陶特（Stouts）也屬之。

　　緊接著發酵程序的，是等待啤酒熟成的儲藏。發酵與熟成的快慢，完全視處理的溫度而定。在9℃的溫度下，發酵過程約需7天；若15℃則需4天，但在這溫度下的處理程序須緊湊進行，才能讓整個發酵與熟成的時間控制在7天內。然後還得冷卻，這期間，蛋白質的穩定度會達到一定標準，啤酒的口感與風味才能更加成熟。

　　早期大家比較偏好的低溫發酵法，在接近完成時，須將麥汁冷卻到5℃左右，目的是為了逼出它在儲存桶中後續發酵的僅存精華，而發酵槽中的酵母在此溫度也會自動停止發酵。約6星期的儲藏期間，酵母會持續發酵以釋出精華；之後先產出清澈的新啤酒，並在一定的瓶塞壓力下——即桶中因密封而生的氣體壓力——產出二氧化碳。

　　除了釋出酒精成分與二氧化碳外，酵母的次級代謝產物也有助於酒精與酯類的結合，這些都會影響啤酒的風味。此外，發酵副產品如丁二酮之類，若沒在後發酵過程（儲藏期間）中被去除，甚至會讓啤酒發出怪味。

　　以前大家慣用的發酵槽，多是容量約4千公升的木桶，後來，慢慢由容量6萬公升的鋁製或不鏽鋼四方容器取代。接下來，容量甚至擴充到10萬公升，但卻增加了回收酵母的困難。因此，日後發展出的圓錐形

發酵槽，其容量可達65萬公升，儲存槽容量更達80萬公升，真是非常大的進步。

　　待啤酒熟成之後，若不打算以天然的混濁狀態出售，則須進行過濾。過濾的目的，不外乎讓啤酒看起來清澈透明，把那些造成混濁的蛋白質、釋出的苦味物質、殘餘的酵母菌或某些可能損害啤酒風味的成分去除，如此，才能讓啤酒的品質趨於穩定。

　　現今採用的是矽藻土過濾工序，可依所需選擇過濾的精細度。進行時，先把矽藻土（一種淡水沉積物）置入水或啤酒中，使之成漿狀，再將適當的份量加入過濾器，器中會因此形成一層沉澱，並在之後的7～14小時內繼續沉積。

　　至於啤酒的殺菌，則可仰賴一種短效加熱器，讓啤酒進行30～60秒間、溫度68～74℃的加熱程序。

最後程序——啤酒灌裝

　　西元20世紀初，德國所產的啤酒絕大多數還是以桶子盛裝。那種桶子是用木頭製成，外裹一層須定期更新的瀝青，酒桶附有底座（桶子的支撐架），經由氣壓水龍頭式開關注酒。不過，以這種盛裝方式，桶內啤酒的新鮮度在幾個小時內就會下降。上個世紀中期，木桶漸漸被鋁合金或不鏽鋼酒桶取代。這種圓筒式啤酒桶（Kegs，可重複使用）的普遍採用，終於讓取酒控制閥可以保留在桶子上，使用起來更安全。

　　現今80%的啤酒，都是以瓶裝或罐裝出品。若在包裝過程中特別注意衛生，並避免啤酒因接觸氧氣而氧化，約可保存一年，且風味不變。

　　現代最新穎的裝瓶設備，每小時可達3千至6萬瓶的產量；如果每個環節銜接順利，速度甚至可以更快。這些環節包括瓶子是否清潔徹底無殘留物、經由影像處理攝影機挑出缺損與不乾淨的地方等，最後才能在一定氣壓下完成裝瓶作業。整套裝瓶儀器，可說是釀酒廠裡最昂貴的設備無疑。此外，啤酒的販售之途通常很漫長，因此大部分業者還會採巴斯德式殺菌法進行殺菌——也就是溫和的加溫法，來提高保存期限。

CHAPTER
2

史上第一杯啤酒佳釀

——善用自然資源與酵母

史前的自然環境

　　人類在地球上進行大遷徙以前，距今約一百萬年的白堊紀時期，溫暖的氣候已孕育出開花植物，而根據化石證實，不久之後，變種的多肉含糖果實也出現了。同時，蜜蜂亦現蹤跡，蜜蜂產出的蜂蜜，在啤酒史上占了非比尋常的地位。此時微生物也進化了，酵母衍生出將糖迅速有效轉化為酒精的能力，這是其他微生物望塵莫及的，像Saccharomyces酵母，這種能力就會發揮在成熟果實或蜂蜜上。有趣的是，在橡樹皮上也常見相同的效果，這或許可以解釋，為何早期的啤酒添加物，通常還包括了橡樹皮。

　　西元前2萬年，最後一次冰河時期發展到最高峰。地球上絕大多數的水分在兩極形成巨大冰原，也與內陸冰川連結在一起，造成自然循環的崩毀，海平面變得非常低。之後，氣溫慢慢上升，西元前1萬年，持續很久的溫暖期終結了冰河時期，冰層化為各種河川與湖泊，造成氣候的劇烈變異，對陸地上的植物與動物有很大的影響。

人類釀酒的開端

農業初期發展

　　無論環境如何變遷，為求生存，人類努力適應各種狀況，在冰河時期結束時亦是如此。那時，大量出現的動植物種類提供了豐足的糧食，即使是一大群人，也能在特定的大範圍內停留生活。雖然人類仍不免成為其他野獸的獵物，或得跟隨獵物的蹤跡進行冬夏間的季節性遷徙，但也漸漸開始以石頭建造固定的居所與宗教儀式會場、蒐集野生穀物，甚至想辦法種植某些穀類，即使還不知如何改變這些植物的特性。西元前1萬2千～9千年，加薩與幼發拉底河間的納圖夫文化（Natufien-Kultur），就是這種過渡時期文明的最好例子。其居民採集與儲存種子，有計畫地播種，並留下許多穀倉、火石鐮刀、打穀用的石臼與石磨等物。據統計，在納圖夫文化遺址發現的植物種子約有160種，最常見的已脫殼禾本科植物為黑麥（Roggen）、一粒小麥、二粒小麥[1] 及大麥（Gerste）。

　　此外，以慶典來凝聚整個社會體系，在當時的文化裡已具有很重要的意義。迄今所發現該時代最古老也可能是最大的宗教儀式中心，應是位於土耳其東南方、近烏爾法市郊的哥貝克立石陣（Göbekli Tepe）；若

非此類集會，不可能形成如此規模的石陣。而此處遺跡與本書主題的有趣關聯在於，緊鄰哥貝克立石陣的卡拉卡德山脈（Karacadað），是一粒小麥最早的種植起源地。

約在西元前9500～6000年的新石器革命時代（Neolithic Revolution），原居於近東肥沃月灣（Fruchtbarer Halbmond）地區的人們，開始遷往尼羅河及中國的長江、黃河流域定居，並從事種植與畜牧的活動。而最早被人類改良品種以符合所需的植物，在近東地區[2] 為無花果、大麥、一粒小麥、小扁豆與二粒小麥；在中國則是香蕉、稻米與小米。農作物與其野生品種最大的差別，在於作物的穀粒較大，而且不會在未收割前輕易被風吹落。此外，植物能成為農作物，即是具有停滯期（滯育）的特性，有此特性的成熟穀物不會自行發芽，除非受潮，像第一種被人類種植的雙稜大麥（西元前9500～8400年）就具同樣的特點。約兩千五百年後，六稜大麥，以及在亞洲較普遍的青裸麥也被廣為種植。

而後，逐漸偏向農業的生活型態，改變了人們的飲食習慣，從此，植物性糧食成為主食，也影響人類的口腔菌群與消化系統微生態，從而左右整個免疫系統的運作；與之前相比，穀物收穫穩定後，人們長得比

---

❶ 一粒小麥（Einkorn）、二粒小麥（Emmer）：兩者均為小麥的古老品種。

❷ 近東地區：早期文明發源地，位於今日中東一帶。

過往高壯。

　　此外，這些改變的影響不僅止於農業經濟的改善（牲畜與農田的照顧、有規劃地播種與收割等），整個社會也起了變化，結構開始分歧，出現統治階級與組織，宗教派別與傳教人士應勢而生，以及影響經由陸路與海陸的物品交易等等。

各地古老釀法

　　只要是人類與牲畜、家禽共居，且鼠類能來去自如的生活型態，微生菌群與病毒即能存活。如同當時某些危險傳染病的病原可自我調整來適應人類宿主般，一些有用的微生物也能改變自己的遺傳特性，為的是方便利用新食物（如穀物粥與牛奶）所創造的生態環境來生存。舉例來說，乳酸菌雖已失去引發感染的相關基因，但利用乳糖的能力卻特別突出；而烘焙與啤酒釀造用的Saccharomyces cerevisiae酵母菌，則能有效利用在自然界罕見的麥芽糖。甚至有資料佐證，人類還會自行揀選，並控制與加速這些過程，也就是馴養微生物，應用於生產助消化又有益健康的食物，於是製造發酵飲料的時代便隆重展開了。

　　早在狩獵採集時期，人類就能製造比成熟果實所含酒精量（約0.9%）還高的飲料。但若真要釀造啤酒，則須以下五個條件的配合：

1. 適合的穀類。

2. 適用的能源。

3. 能幫助形成酒精的酵母（如果實、蜂蜜、發酵麵糰等）。

4. 將穀類澱粉轉化為糖類的處理程序。

5. 生產、儲存與運送用的堅固容器。

　　據信，直到西元前7千年，這五個條件才有辦法同時符合。這時期中國地區的飲品殘留物證明了，史上第一款啤酒，其成分除了穀物外，也包括果實，或許還有蜂蜜及調味與麻醉類植物。也就是說，最晚約在這個時期，各地區文化已有了不同的啤酒傳統，而這些差異完全視當地的穀物種類和釀酒技術而定。

　　稻米、小米與高粱是非洲與亞洲的重要穀物，約自西元前8千年起，那裡的人便開始種植。同時，他們已有能力製造耐火陶器，當作烹煮工具廣為使用，因此極可能以烹煮來替穀物去殼，或將之熬煮成粥。

　　至於肥沃月灣地區則有些不同，在他們栽種、馴化野生穀物時（約西元前9500年），尚未出現陶器（西元前7千年才出現），因此該地區的人便將穀物搗粉揉成麵糰，起初是拿到太陽底下曝曬，後來才發展出置於炙熱石頭上或放進爐子裡烤成麵包的做法。上述比較，不僅顯示麵包與粥糜文化間的差異，也生成了截然不同的啤酒種類（請參見P.34）。

其實，讓穀物澱粉糖化的最古老方式，跟人類唾液裡的澱粉酶有關。咀嚼的動作之於穀粒，或許有如一種熱處理，如同經由烘烤讓有毒的黴菌與細菌失去活力，並讓穀粒軟化易碎般。直到如今，安地斯山脈地區仍有人以咀嚼或生出唾液的方式來釀造當地獨特的吉開啤酒（Chicha）。此外，我們可從古老的冰島傳說《埃達》[3] 裡讀到，迷魂蜜飲卡瓦希爾（Kvasir）是加入神祇唾液釀成的；而芬蘭民族史詩《卡勒瓦拉》（*Kalevala*）則提及熊的唾液對啤酒釀造非常重要，後來這種釀酒技術廣為流傳。在日本，第一款米製啤酒甚至也據稱使用了唾液。

雖然如此，若要大量製造啤酒，使用唾液顯然行不通，還是得發展出一套複雜程序來糖化澱粉才行，而且不同穀類各有適用的方式。例如，近東地區首選的大麥與小麥品種和其他穀類最大的差別，在於發芽過程就能釋出大量的澱粉分解酶，而這樣的麥芽可直接製作麥汁；但若使用米、玉米、小米及高粱，就得另尋他法。在亞洲有種做法是將黴菌注入煮過、搗碎的米粒中，令其釋出所需的酵素；至於非洲，則經常將麥芽與乳酸菌結合使用。

接下來的第二個挑戰，是挑選適合的發酵劑。穀類本身不含可發酵的成分，所以必須從外界取得酵母。人類釀酒初期，採成熟果實或果汁

---

❸《埃達》（*Edda*）：西元9世紀時，由挪威移民帶來的口頭文學，是關於北歐神話與傳說的詩。

來增殖酵母，並利用其釋出的果酸降低麥汁的pH值，如此可達到部分的抑菌效果。

從早期啤酒的殘留物中，我們發現了葡萄的蹤跡，可見酵母含量高的葡萄汁非常重要；某些地區則使用蜂蜜或椰棗汁。至於那些完全無法取得果實的地區，是把穀物產品加入野生酵母及乳酸菌的混合物來進行發酵；以這種方式培養出的發酵劑，能經由乾燥或烘焙處理，使之保存良久。另有一種方法，是自發酵槽中取出富含酵母的液體，加入穀粉中，揉成麵糰，稍微烤成麵包狀後再進行乾燥，讓酵母在增殖狀態中繼續發酵。

直到如今，在啤酒釀造裡，乳酸菌與酵母幾乎占同等重要的地位。乳酸菌不僅可製造降低麥汁pH值的乳酸，為酵母創造理想的生存環境，還能抑制許多細菌的生長。

此外，將發酵果汁注入麥汁的地區，自西元前3千年起，釀酒人還配合使用乾燥的酸穀粥。至於那些偏好麵包發酵的地方，則會拿麵肥（發酵麵糰）製成的啤酒麵包當作發酵劑。而乳酸菌在酒精發酵裡所扮演的角色，也讓啤酒釀造技術與葡萄酒生產走向迥然不同的路途。

啤酒種類與釀造方式

澱粉來源	澱粉→糖	糖→酒精	盛行地區
玉米、木薯、絲蘭屬植物、大麥	唾液（咀嚼）	發酵（Saccharomyces酵母）	南美洲： 安地斯山脈啤酒（吉開酒Chicha） 巴西（Kaschiri酒） 莫三比克（Masata酒） （《埃達》裡的卡瓦希爾Kvasir）
大麥、小麥、黑麥、燕麥	麥芽麥汁	發酵（Saccharomyces酵母）	歐洲（啤酒）
米、木薯	用毛黴菌（Amylomyces Rouxii）來做表面發酵	發酵（Enomycopsis Fibuliger酵母）	印尼（Tape ketan與Tape ketella酒）
米	米麴菌（Aspergillus Oryzae）	發酵（Saccharomyces酵母）	日本（清酒）
高粱、小米	麥芽穀物產品發酵法（酵母、乳酸菌、發酵麵糰）	醒發酵（酵母、乳酸菌）	非洲： 盧安達（Ikigage酒） 貝南（Tchoukoutou酒） 查德（Bili bili酒） 迦納（Pito酒） 南非（Kaffir酒） 蘇丹（Merissa酒）等
小麥麵包、黑麥麵包、大麥麵包、發酵麵糰	額外添加麥芽	醒發酵（酵母、乳酸菌）	埃及（Bouza酒） 俄羅斯（Kvass卡瓦士酒）

CHAPTER
3

古文明 V.S 啤酒釀造
——陽光與烈火催化五千年釀酒史

美索不達米亞——麵包與啤酒文化的起點

引領世界文明的黃金種子

根據猶太曆法的觀點，世界是在西元前3761年創立的，約此同時，馬雅曆法也開啟了新頁。那時，在幼發拉底河與底格里斯河間的兩河流域，是片豐碩肥沃的平原，人們在那裡安居樂業，許多人甚至居住在大城市裡，是阿卡德文化與蘇美文化最顯著的象徵。

在這些城鎮裡，庶民生活與宗教方面的管理制度皆已建立，西元前3200年左右，為了方便記帳，甚至開始使用文字。這些早期的文字含有大麥、麥芽與啤酒的象徵圖案，其中啤酒是以滿溢的陶罐來表示。當時官方機構最重要的任務，就是分配穀物種植的收穫，一般收成量多為播種數量的15～30倍之多。所種植作物為一粒小麥、二粒小麥與雙稜大麥，二粒小麥與大麥是早期蘇美啤酒的原料。

西元前2900～1600年間，穀類種植的範圍擴大，六稜大麥成為美索不達米亞平原的主要作物，占所有耕作內容的70～98％。因此，烏爾第三王朝（西元前2110～2003年）期間的啤酒已經不含二粒小麥的成分。

這種以大麥種植為大宗的狀況，不僅影響糧食的生產，也連帶改變了牲畜的飼料；被大眾普遍認可為交易媒介的大麥，亦成為美索不達米

亞文化的代表性象徵。例如，那時流傳著這樣的說法：「身懷黃金的富人、擁有青金石的某人、那個聲稱牛隻屬於他所有的男人，以及羊兒的主人，所有這些人，都得在大麥老闆的大門前恭候。」如同大麥本身一般，它的後製品——麵包與啤酒，也占有相當重要的地位。《吉爾伽美什史詩》[1] 敘述了神妓[2] 如何把恩奇杜（Enkidu）這個來自大草原的野人教化為文明人的故事。「……他從沒學過吃麵包這種事，喝啤酒對他而言是陌生的行為。於是神妓告訴恩奇杜：吃吧，恩奇杜，吃那麵包，這是人類的東西！喝吧，恩奇杜，喝這啤酒，這是決定某地是否文明的關鍵！」由此可知，麵包與啤酒確實是人類文明的重要象徵。

西元前2400年左右的楔形文字記載，曾出現了三種為拉格什[3] 地區皇室與民眾所釀造的啤酒。之後的兩千年，美索不達米亞平原的啤酒釀造方法與產品，也隨著時間持續不斷地改變。

以麥芽漿釀造酒汁

美索不達米亞平原釀造啤酒的考古實證，首推位於敘利亞北方的巴茲遺址（Tall Bazi）。考古學家奧圖（Otto）與艾恩瓦格（Einwag）在那裡挖掘出50棟大小一致的房子，全是作為住家與手工作坊之用。房內相同位置的鄰近處，都擺了一個很大的桶狀物，顯然是整間房子裡最大的容器，有著寬闊的開口，大多放置在地上，無法移動且很難清洗，看來

應該是盛裝啤酒用的。根據考古與文字的發掘考證，加上自然科學方面的理論，可將那時期的釀酒過程重建如下。

首先，我們推想，麥芽在美索不達米亞的啤酒釀造史上應該是極重要的角色，當時的土坯房能提供理想又平均的溫度讓其軟化與發芽。接下來的乾燥程序，則有賴於房子平坦的屋頂。之後，再用手動磨碎機將之碾成粗粒，與二粒小麥粉及弄成小塊的發酵麵糰麵包混合後，放入底部有孔的容器搗成泥狀。由於此處所使用的麵包只在小烤爐裡烤了一下，仍含有相當豐富的活性乳酸菌及酵母，所以馬上能在搗碎的麥芽漿中起發酵作用。這就是一種冷糖化過程，無須再額外加熱。大約一天之後，打開有孔容器的底部，已發酵並過濾的麥汁就會流入容量約200公升的啤酒桶中，此即當時的啤酒（Kas Kal）。原本的麥芽漿，因殘渣（其濕潤狀態稱為Titab）留在底部有孔的容器中，已自動有了過濾的效果，等於一舉完成了糖化、發酵與過濾的工序。

這種啤酒其實還含有許多未經處理的澱粉成分，均來自未發芽的二粒小麥（約占總原料的1/3），以及可分解澱粉的酶，還有酵母與乳酸菌。所以，麥芽漿的發酵程序仍可持續進行，啤酒的風味也會一天天改

---

❶《吉爾伽美什史詩》（*Gilgamesch Epos*）：美索不達米亞文學作品，最早的英雄史詩。

❷ 神妓：指居於寺廟、為神職人員或信徒提供性服務的人。

❸ 拉格什（Lagaš）：蘇美時期的城邦之一。

變。現今有種非洲歐帕克啤酒（Opaque Beers）即是這種啤酒，克瓦斯[4]與羽毛白[5] 也屬此類。經過這個持續發酵過程，啤酒的狀態會比較穩定。

　　這樣的啤酒味道濃烈，顏色較淡，大多只供上層階級消費，或在重要祭典使用。另外有種顏色較深、品質中等的啤酒（Kas Gegge），則是以留在有孔容器中的殘渣所製成；酒色變深除了是氧化過程的結果，也因殘渣經浸泡後，裡面的酵母產生了作用。為製作深色啤酒，粗磨麥芽、乾燥後的殘渣與發酵麵糰麵包，都得按照程序再加一次。乾燥狀態的殘渣，一般稱為Dida。Dida可說是一種即溶啤酒，外交使節或信差出遠門時可隨身攜帶，想喝時一沖即得。

　　西元前18世紀的〈寧卡西讚歌〉（Ninkasi-Hymne），是依考古資料重建釀酒過程的最佳佐證。寧卡西是啤酒守護女神，讚歌開章明義就將當時的城鎮比擬為滋味甜美的蜂巢，處處皆是啤酒釀造之所，啤酒文化在此展露無遺。讚歌最後以一首飲酒歌做結，確信啤酒能「改善我們的情緒，愉悅我們的心臟」。此外，讚歌中也對於烘焙酵母麵包、製作麥芽漿，以及啤酒發酵後的泡沫，做了非常生動紀實的描述。

用吸管喝啤酒

　　美索不達米亞地區的啤酒喝法，是將啤酒裝在大容器中，以飲用吸管吸取。飲用管的底部附有以骨頭或金屬片製成的濾網，一方面可擋住

不想一併飲進的穀殼與顆粒，另一方面還可增強酒精作用。關於此種吸管飲法，最古老的描繪出現在西元前4000年的葛瓦拉峰遺址[6]，該情景出現在一枚印章上。無以計數的美索不達米亞滾筒印章，刻劃了許多以吸管喝啤酒的人生百態。此外，有支銅製的吸管，出自西臺帝國[7] 位於庫撒立–撒利撒[8] 的神廟釀酒坊，也提供了佐證，說明安納托利亞[9] 地區的人們亦熟知蘇美–阿卡德文化的啤酒釀造技術。

西元前4世紀時，身兼歷史學家與職業軍人身分的色諾芬[10]，針對安納托利亞的一處地底住屋有如下描述：「一旁擱著酒，這種以大麥製成的酒就盛裝在大容器裡。所釀的酒漂浮著麥芽核仁與外殼，一直滿到邊上。內插著數根麥管，有些長、有些短，沒有折口，誰渴了隨意抽取一根就吸將起來。這未經稀釋的飲料濃烈得很，但非常美味。」此外，小亞細亞南邊的烏魯博朗海域（Uluburun）殘存著一艘西元前1400年沉沒的商船，於船上發現了飲用管的遺跡。在約旦也發現了很多銅器時代的飲用管。吸管確實是啤酒文化裡不可缺少的部分，直到如今，在非洲

---

❹ 克瓦斯（Kwass）：盛行於俄羅斯、烏克蘭等東歐國家的低酒精飲料。

❺ 羽毛白（Federweißer）：德國秋季限定的半發酵氣泡葡萄酒。

❻ 葛瓦拉峰（Tepe Gawra）遺址：位於現今伊拉克北方。

❼ 西臺帝國（Hethier，Hittite）：位於小亞細亞的古國。

❽ 庫撒立–撒利撒（Kuşaklı, Sarissa）：位於今日的土耳其東部。

❾ 安納托利亞：又名小亞細亞。

❿ 色諾芬（Xenophon）：雅典人，蘇格拉底的學生。

許多地區，吸管仍是飲用歐帕克啤酒的必要配備。

除了飲用吸管外，還有一種飲用碗，可以作為祭祀之用。娜社女神[11]的讚歌如此稱頌著：「我將飲用碗呈在妳之前，我將為妳澄清啤酒。」因此，啤酒在美索不達米亞地區其實有著雙重作用，一方面，是祭典上不可或缺的要角，通常帶有國家或宗教上的色彩。也因如此，皇宮與寺院都會設置自己的釀酒坊，並聘請專家工作。另一方面，對於廣大的民眾來說，啤酒似乎是當時唯一的飲料，讓原本僅有大麥麵包與鹹湯為主食的一般人感到生活更加圓滿。根據推測，那時約有40%的穀物收穫是作為啤酒釀造之用。

啤酒當然可以純屬享受。那時的小酒館，除了啤酒，若消費到一定的金額，在老闆娘默許下，也提供某些特別的服務。但在這種場所裡到底會發生什麼事，有關當局顯然不太放心，於是，世界上最古老的有系統律法，也就是西元前18世紀刻在玄武岩圓柱上的《漢摩拉比法典》，便為啤酒價格相關事宜規定了洋洋灑灑四大條。

美味的療癒藥方

啤酒在美索不達米亞的醫學上，也占了相當重要的地位，其產品內服與外用（冷熱敷、包紮）皆相宜。在慶典儀式中，啤酒經常作為請求

諸神調解的祭品──在古代近東[12]的世界觀裡，人類的任何命運轉折，皆與神祇認可與否相關，因此，調解儀式成為醫學治療非常重要的一部分。即使是獸醫，這個「公牛與驢子的療癒者」，也使用啤酒作為調製藥方的基礎。

可惜的是，如此精采多元的美索不達米亞啤酒文化，真正流傳下來的資料卻非常少。原因是，美索不達米亞啤酒文化的主要發源地，那時正處於希臘化時代（Hellenismus，西元前336～31年）發展初期的前數十年，且這個區域並不在馬其頓–希臘以及之後的羅馬帝國統轄範圍，相反的，是處於敵對的帕提亞帝國[13]與後來的薩桑王朝[14]區域，因此，這些邊陲地帶的發展，後人才會所知甚少。僅存的相關文獻，只見於猶太民族因巴比倫之囚[15]所醞釀的文化中，以及由此文化發展出的《塔木德》猶太法典[16]。法典中記載了一些關於兩河流域間重要區域的傳統，美索不達米亞地區與埃及的啤酒文化才稍微被提及。

⓫ 娜社（Nanshe）女神：蘇美女神，可預示未來與解夢。

⓬ 古代近東：早期文明發源地，位於今日中東一帶。

⓭ 帕提亞帝國（Parthien）：又名安息帝國，約存於西元前3世紀至西元後3世紀，位於現今伊朗東北部。

⓮ 薩桑王朝（Sassanidenreich）：取代帕提亞帝國，與羅馬帝國共存400年。

⓯ 巴比倫之囚：發生於西元前597年和西元前586年的歷史事件。猶大王國兩度被新巴比倫王國國王尼布甲尼撒二世征服，大批王室成員和平民被擄走，囚禁在巴比倫城。

⓰ 《塔木德》猶太法典（Talmud）：源於西元前2世紀至西元5世紀間，是記錄猶太教傳統、條例和律法的文獻。

埃及——發酵帶來的影響力

穀物文明源於尼羅河

古埃及，世界第二大穀物文明之地，在新石器時代發展出獨特的啤酒文化，縱橫三千年歷久不衰。

埃及是尼羅河的贈禮，河岸碼頭雖不寬廣，運輸貨物的功能也有限，但水流徐緩，即使只駕著帆船，從北方吹拂而來的微風也能讓其航行無阻。因此，船隻對埃及人來說不僅異常重要，亦具有宗教上的意義，讓埃及文化隨著船舶可及之處往南傳播。同時，身處中央集權國家，尼羅河也是國家的傳輸與資訊動脈。

年復一年，水流不斷沖積著河岸，每當上游猛下暴雨，尼羅河又氾濫時，河水就會在兩岸留下大量的肥沃淤泥。在這些土地上種植穀物，產量會非常豐碩，古埃及地區因此成為出類拔萃的穀物大國。關於此，可在冥王歐西里斯[17]的祭典上一窺究竟，這個祭典通常與播種及收成密切相關，尤以二粒小麥與大麥的種植為主，其神祕的祭祀內容包括象徵性的破土儀式等。此外，石棺裡的墓葬文書也記載著死者復活之事，可與歐西里斯軀體化身的穀物萌芽狀態相比擬。

古典時期[18]起，歐西里斯更被奉為「啤酒之神」。史學家希羅多

德[19]（西元前5世紀）與迪奧多羅斯（Diodor，西元前1世紀），以及廣受世人推崇的普魯塔克（Plutarch，約西元45～120年），在比較各方歷史與對此形象的定位後，認為歐西里斯就是希臘酒神戴歐尼修斯（Dionysos）。迪奧多羅斯甚至詳細敘述歐西里斯教導人類如何將穀物製成某種飲料，喝起來不僅美味可口，而且酒精濃度與葡萄酒相比毫不遜色。這個神話流傳了上千年，文藝復興時期的作家甚至將之改寫成奇幻的啤酒釀造傳說，故事中，德國不僅成為啤酒的起源地，歐西里斯還及妻子伊西斯相偕來到中歐地區，教導人們種植莊稼及釀造啤酒。

多用途的啤酒

古埃及的早期碑文上，一再提到三種穀類：Bote（bet, bd.t）、Coyo（sw.t）與Lōt（jt）。Lōt是六稜大麥，Bote（短芒二粒小麥）與Coyo（普通小麥／裸麥）則是小麥品種。這些穀類都可用來釀酒。與美索不達米亞平原相同的地方是，啤酒在古埃及的日常生活中也擔任了要角，不只是很重要的飲食內容，亦能作為報酬與貨物價值的衡量單位。在西

---

⑰ 冥王歐西里斯（Osiris）：埃及神話中的冥神，同時也是古埃及的農業之神與生育之神。
⑱ 古典時期：古希臘和古羅馬等長期文化史的廣義稱謂，地理範圍以地中海為中心。
⑲ 希羅多德（Herodot）：古希臘作家，著有《歷史》一書，為西方文學史上首部完整流傳下來的散文作品。

元前2000年的《萊斯納莎草紙手稿》[20]裡，即記載以啤酒、麵包與蛋糕為記帳單位，一般勞工每日的配額是8份。之後，第十八王朝的女法老王哈特謝普蘇特（Hatschepsut）派出船隻遠渡到紅海彼岸的邦特之地[21]時，除了本地特產外，古埃及人還不忘帶上啤酒去交易。

啤酒與麵包代表富庶、幸福及滿足，甚至在死後的審判占有一席之地；根據古埃及的信仰，這個判決是可否得到永生的關鍵。守護神荷魯斯（Horus）會親自將亡者領至歐西里斯面前，並宣稱：「我將某人帶到你這兒了，他是個心胸寬大的人……他公平正義的為人是毋庸置疑的，遞送給歐西里斯的啤酒與麵包，也應該分配予他。」在宗教儀式上，啤酒不僅可作為陪葬品、祭典的飲品，更是不可或缺的祭酒，常見的祭品組合是「麵包一千，啤酒一千」。

古埃及時期亦使用各種啤酒作為重要藥方的基底，有一種加入長角豆果製成的甜啤酒，便常被拿來調配多種口服藥；其他種類的啤酒，則還有製成灌腸劑或驅蟲藥的用途。

第一款啤酒誕生

若要細說古埃及的啤酒釀造起源，得回溯到西元前4000年。西元前3200年左右，古埃及最早期的象形文字已出現一連串與啤酒相關的字

形，這些用字仍保存在科普特語[22] 中。身形嬌小的人站在鍋爐旁，是西元前4000年早期古埃及奈加代文化（Negade–Kultur）對釀酒師形象的詮釋；另外，許多西元前三、四千年的釀酒坊遺跡，也自考古遺址中被挖掘出來。

據推測，古埃及的第一款啤酒，應該是由二粒小麥、大麥麥芽、椰棗與小麥粉製成。後來，裸麥完全取代二粒小麥，大麥則作為酵素來源，發芽的大麥扮演過濾角色。我們可在梅胡[23]（約西元前2350年）之墓的碑文上，看到上述釀酒坊場景的圖像。圖上有位女性職工，在石磨板旁說著：「這個不放入石磨之下！」言下之意是，麥芽不須磨成細粉，只須放在石臼裡稍微壓扁，讓外殼盡量保持完整。

整個釀酒過程到底需要哪些程序、怎麼做才能精確到位，是至今仍爭論不休的問題。四千年來不斷修正改進的埃及啤酒釀造工序，則偏向冷糖化法，許多不同種類的麵包因此舉足輕重，古埃及的麵包坊與釀酒廠也順勢比鄰而建。其中又以兩種麵包最能影響啤酒的釀造：無酵餅與發酵麵包。無酵餅最大的功用，就是作為易於糖化的澱粉來源，穀物

---

❷⓿ 《萊斯納莎草紙手稿》（*Reisner Papyri*）：古埃及第十二王朝法老王的數字紀錄文件。

❷① 邦特之地（Goldland Punt）：古埃及人進行貿易的地方，盛產黃金、樹脂、木材、象牙及野生動物。

❷② 科普特語（Koptische）：形成於西元前的古埃及語言。

❷③ 梅胡（Mehu）：古埃及第五王朝末至第六王朝初侍奉法老王的最高官員。

經由磨粉、糊化與加熱的加工過程，其澱粉分子會比較容易進入麥汁。圓錐狀的發酵麵包釋出乳酸菌讓麥汁酸化，成為第一種酵母。至於椰棗泥，則極有可能是酵母來源或作為麥汁之用。西元前1850年的《莫斯科莎草紙手稿》[24]，其內容為古埃及新進官員計算檢測的結果，即涵蓋了麥芽與椰棗泥比例的運算。此外，將那時的啤酒殘跡拿到電子顯微鏡下觀察，更驗證古埃及人所使用的酵母培養品已是不可思議的純淨。最後，釀造流程接近尾聲，啤酒被注入以泥土新造的容器裡，放上土製蓋子，並用泥土密封。啤酒會在容器裡繼續進行後發酵及澄清的過程。釀造完成後，打開罐子，以碗取用。

西元前3000年晚期，忠實呈現各式工匠形象的人偶被當成陪葬品，他們得在遙遠的世界裡為亡者完成各種工作。這些「夏勃梯」（Uschebtis，即陪葬人偶）中也有麵包師傅與釀酒師，收納它們的盒子在空間配置上還仿照工作實況安排。

從國民飲料到斂財工具

到了新王國時期（約起於西元前1550年），飲用葡萄酒的風氣在古埃及日益興盛，喝啤酒的習慣因此受到打擊。西元前332年，亞歷山大

---

[24]《莫斯科莎草紙手稿》（*Moskauer Papyrus*）：西元1893年為俄國人所獲的古埃及莎草紙手稿。

大帝征服埃及，並極力促使埃及融入希臘化文化圈，葡萄酒成為上層階級重要飲品的觀念與日俱增。待托勒密王朝在埃及建立後，啤酒的製造與販售被加以規範，最後收歸國有。釀酒師與啤酒商成為合作的組織關係，自此國營釀酒廠的產量便非常可觀。西元前254年，埃及古城菲拉德費爾雅（Philadelphia），每天就得消耗12阿塔本（Artaben，約350～400公斤）的穀物來釀酒。而後，上位者以打擊酒精濫用為託詞，開始徵收啤酒稅，後來甚至加上啤酒消費稅，大家必須以啤酒或錢繳交稅款給稅吏，而稅吏通常由釀酒業者擔任。

其實，啤酒是不折不扣的古埃及國民飲料。西元1世紀的埃及古城泰卜圖尼斯城（Tebtynis）留下一些用來告示啤酒免費暢飲的泥板，證明了眾人的好酒量，那時地方性協會會員聚集，共喝掉80～130公升的啤酒，平均一個人可喝下3公升。

埃及啤酒（Zytos）是古典時期最重要的啤酒，Zytos甚至成為啤酒的代名詞。之後，這詞仍不斷出現在與啤酒相關的文字中，歷久不衰，直到今日。舉世皆知的Enzym（酶），即由埃及名詞zyme而來，字意就是啤酒酵母，由此更能證明，埃及曾在人類啤酒釀造史上帶來重要的技術性突破。

凱爾特人──寒風中的釀酒藝術

因地制宜的新釀法

西元前7000～5000年間,如今的撒哈拉大沙漠仍是綠草如茵,那時的氣候溫暖又濕潤,農業生活非常普遍。克里特島(Kreta)、希臘本土與尼羅河谷,長年有人類聚居。西元前7000年左右的氣候變遷,使這種穩定的生活型態沿著多瑙河、萊茵河加速流傳至歐洲大陸,並直抵西班牙海岸的地中海區域。根據推測,這種拓展的東西向發展速度應比南北向來得快。

因天候較不穩定的關係,住在南北向地區的居民得因應植物生長期短,在種植時機與技術上做些調整。同樣的道理,地中海地區有穀物收成豐富、日照較充足的條件,以此發展出來的釀酒技術,也無法在歐洲內陸如法炮製,因此內陸國家的農民必須以完全不同於小亞細亞的方式來釀製啤酒。由於內陸的作物收穫向來不豐,如何善用便成為非常重要的事,其中最重大的改變,就是新式能源的使用。

在氣候較涼爽且日照時間較短的地區,僅仰賴日照來進行發芽與糖化是不夠的,因此綠麥芽得藉由木柴、泥煤或煤炭來加熱乾燥。至於糖化工序,則須把麥芽漿置於火爐上,或將燒得火紅的特製石塊放入麥芽

漿中來完成。此外，無論是發酵劑或發酵技術，在這裡都得使用經過調整的新配方。例如，在北方並不容易取得大小適合的釀酒用容器，而且適應了低溫的微生物，在較寒冷的環境中，作用會比較慢，所以也需要較長的時間發酵，多少提高了受汙染的風險。不過，維持低pH值與添加適合的植物即可解決這個問題，加入藥草還能延長保存期限，並兼顧風味與品質。因此，各種啤酒添加物不斷被拿來試驗，像北歐的啤酒，經過證實，早在青銅器時代就已添加了歐石楠、楊梅科或天仙子屬植物。但這些調整配方到底是在何時、何地、以哪種步驟進行的，現在很難確定，只知西元前3000年的考古遺跡證實了發芽穀物飲品的製造，然後直到鐵器時代才詳知細節。

啤酒風味大不同

自西元前8世紀起，凱爾特人（Kelten）聚居於中歐，在西班牙、法國與施瓦本地區[25]的凱爾特族村落，都發現了西元前5世紀的發芽穀物遺跡，以及用來乾燥發芽穀物的設備。其中一種底部有孔的專用爐具，是乾燥少量綠麥芽之用；若麥子數量較多，便在地上挖出溝渠，讓麥子在此發芽後，再傳送熱風烘乾。換句話說，凱爾特人發明了藉助火力來釀

---

❷ 施瓦本地區（Schwaben）：位於德國西南部，曾住有多種民族的歷史地區。

酒的技術。另外還可確定的是，歐洲的麥芽與發芽技術是由西往東傳輸的，凱爾特人的製作工序，可能在史前時代就已進入日耳曼語言圈，然後依序傳進斯拉夫語、芬蘭語及馬札爾[26]語生活圈。

　　古典時期的作家曾寫過，凱爾特人是很愛喝啤酒的民族，他們分成兩支，形成兩種啤酒文化：一是中歐地區的凱爾特人，包括不列顛、蘇格蘭與愛爾蘭；另一支則是位於西班牙的凱爾特比利亞人。希臘史學家波西多尼（Poseidonios，約西元前135～51年）曾以文字敘述了一場凱爾特人的聚會：「上流社會喝的是從義大利或馬賽進口的葡萄酒，中層階級喝加了蜂蜜的小麥啤酒，大多數人則喝那稱為Curma的普通啤酒。他們共用一個杯子，每人喝一小口，絕不會吞下滿滿一大口，而且不斷輪著喝。」意思是說，高盧地區[27]有兩種啤酒，窮人喝的稱為Curma，由大麥釀成，曾經為文撰述的作者皆異口同聲地說，這種酒喝起來有股說不出的酸臭味。羅馬帝國尤利安皇帝（Julian Apostata，西元331～363年）有名的雋語之一，就是關於酒神戴歐尼修斯的兩個形象，而那個「啤酒的戴歐尼修斯」聞起來有羊騷味，顯然跟Curma有關。雖然如此，但Curma似乎仍是非常普遍且頗受歡迎的啤酒。有個發現於歐坦（Autun）[28]、據說出自西元前1000年的凱爾特紡錘，上面刻了如此文字：「美麗的姑娘——絕佳的啤酒（Curmi）」。中層階級喝的是小麥啤酒加蜂蜜，此處的小麥啤酒就是頗負盛名的Cervesia，這字至今仍為啤

酒的代名詞，且無論還有什麼解讀，都是具凱爾特血統的名稱。

此外，還有一系列的他種啤酒，例如西班牙的凱爾特大麥啤酒（Cerea）及小麥啤酒（Celia），雖然名稱不同，對製造方法也一無所知，但這兩種酒在本質上應與Curma及Cervesia沒有差別。再者，凱爾特人也習慣將麵包烘焙處與啤酒釀造處緊密相連。羅馬學者老普林尼（西元24～79年）寫過，啤酒泡沫不僅可供女士們保養皮膚，還能用於麵包的烘焙，烤出來的糕點，以羅馬那時的標準來看，算是重量特別輕又易於保存的餅乾。

古希臘–羅馬時期——暢飲啤酒的野蠻人

喝啤酒變成野蠻行為

《吉爾伽美什史詩》提到，暢飲啤酒是生活方式的最佳標誌，不過，希臘人與羅馬人（及基督徒）一般公開的想法卻是——喝啤酒是不

㉖ 馬札爾（Magyaren）：匈牙利的主要民族。
㉗ 高盧地區：位於西歐，範圍包括法國、比利時等國家，凱爾特人曾居於此。
㉘ 歐坦（Autun）：位於法國勃艮第的歷史古城。

折不扣的野蠻人行為。他們為何會有這種觀念，可由經濟、社會與倫理道德上的發展等三方面來了解。

　　無論是古希臘或古羅馬，都不是穀物輸出國。希臘雖有種植大麥，但因土地不夠肥沃，因此少有剩餘產量可作他用。不過，無數的考古文物證明，克里特島在米諾斯文明（Minoische Kultur）與邁錫尼文明（Mykenische Kultur）時期（西元前3000～2000年），都留有飲用啤酒的痕跡，這種啤酒是由大麥、水果酒與蜂蜜酒（或蜂蜜）製成。希臘本土於古典時期前也曾釀製啤酒，稱為皮諾酒（Pinon），且後來也未真的放棄釀造啤酒。還有一種加了薄荷、類似啤酒的凱寇恩酒（Kykeon），則是在厄琉息斯祕儀[29]中使用，但這不是古希臘時期的日常生活飲料。

　　至於中義大利，雖然種植穀物的條件比希臘好，但那裡的居民自古習慣以小麥為主食，大麥通常只是為了提供牲畜飼料而種植。人口日漸增長後，他們也只以進口大麥來滿足所需，因此啤酒向來無足輕重。況且，自青銅器時代起，希臘人便已出口葡萄酒至整個地中海區；在羅馬皇帝時代，古義大利的費勒納葡萄酒（Falerner）甚至還銷售到印度。對他們而言，葡萄酒才是具有經濟意義的產物。

　　喝啤酒的人，在古希臘人與羅馬人眼中，向來形跡可疑。他們在心中描繪出喝啤酒者的負面形象，以作為自我身分確認與辨明之用。他們認為喝啤酒的人，不是非我族類（即不屬於麵包-葡萄酒-橄欖油文化）

的粗暴野蠻者，就是羅馬帝國境內沒骨氣的卑鄙無賴。西元前5世紀時的古希臘劇作家埃斯庫羅斯（Aischylos），就曾在作品中讓阿果斯國王（König von Argos）對埃及人說：「千真萬確，您可以親自去確認，這國家的居民確實只有真男人，而且沒有人嗜喝啤酒！」而羅馬作家塔西陀（Tacitus，西元58～120年）在提到日耳曼人的特徵時，也認為酗啤酒是他們的阿基里斯腱（即致命傷）：「讓他們盡情飲酒，喝個高興，如此一來，不必動用武器，光這副德性，別人就能輕易打敗他們了。」

對發酵食物的偏見

　　古希臘人與古羅馬人，以及猶太人的傳統，對於發酵食品的態度都是敬謝不敏的。他們視發酵為一種不潔淨與腐敗的過程；會冒出泡沫的啤酒，在他們眼中就是同類產物。亞里斯多德（Aristoteles）的學生泰奧弗拉斯托斯（Theophrast，西元前371～287年），曾對啤酒的非自然、違反常態特性做了以下陳述：「他們甚至迫使某些產物偏離原本的健康自然狀態，讓其產生變化並腐敗，從而製成一種可飲用的汁液，例如以大麥與小麥所釀製的酒，或埃及地區所謂的采托斯酒（Zytos），都是此類。」將近半個世紀後，希臘作家普魯塔克（Plutarch，約西元46～125

---

❷ 厄琉息斯祕儀（Eleusinischen Mysterien）：某個希臘祕密教派的年度入會儀式，有學者認為此祕儀的吸引力來自神祕飲料「kykeon」中所含的迷幻藥成分。

年）撰文說明為何古羅馬神話的眾神之王朱比特（Jupiter）絕不能接觸酵母的原因：「一方面，酵母本身就是由腐壞而生，並可分解麵糰，一旦將酵母混入其中，麵糰就會變得鬆軟而失去活性；另一方面，反正酸化（發酵）就是與腐敗相關。」但奇怪的是，那種狀似可掌控、且不會發泡的葡萄酒發酵過程，還有它所採用的酵母，似乎就能讓人接受。

　　不過，雖然打從心底厭惡，在醫療上，古羅馬人還是把啤酒製成藥水或湯劑內服，外傷充血時作外敷用，並用於治療寄生蟲病、咳嗽等。此外，還能充當病人的營養品，或製成一種稱為提薩納（Tisana，希臘文是Ptisane）的提神飲品，這是以大麥與各種調味或藥用添加劑所製成的輕發酵大麥糊。古希臘醫師希波克拉底（Hippokrates，西元前460～370年）與蓋倫（Galen，西元129～199年）都曾撰文詳述提薩納的製作程序及使用方法。

庶民飲品與駐軍備糧

　　在古典時期的文明世界，稱得上重要的啤酒共有兩種，並且是徹底不同的兩種：埃及的采托斯酒與凱爾特啤酒。思緒極敏銳的古羅馬法學家烏爾比安（Ulpian，西元223年歿），在回應某繼承者除了葡萄酒外尚有何可繼承之物時，也一併回覆了哪些物品不包含在繼承項目內：「可以確定的是，那個埃及Zytum，也就是用小麥、大麥或麵包所製成的飲

品，不在清單內。同樣的，那個凱爾特Camum或Cervisia，或Hydromeli（蜂蜜酒），數量也非常少。」可見古羅馬人清楚知道啤酒是什麼，而且還在自家地窖裡儲存。

這毋須過於訝異，因為在羅馬帝國時期，由於國土擴張，越來越多來自其他文明國度的人因獲得羅馬市民資格而移居到羅馬的權力與統治中心，還有些人是因成為奴隸而在此生活。如此「全球化」的多元文化社會，釀製與飲用啤酒的習慣自然廣為流傳。社會基層庶民尤為飲用啤酒的最大族群，會讓人有如此聯想，或許是因為西賽羅[30]曾在演說中提及Faex Populi，即民族的酵母（敗類）之故。西元103年，羅馬皇帝戴克里先（Diokletian）頒布了最高價詔書（Edictum de pretiis rerum venalium），羅馬帝國東半部的食品、牲畜飼料、生活用品，以及一般工資與專業人員報酬，都被設定了價格上限。而在「葡萄酒」一欄下，啤酒竟赫然在列，有Zytum（埃及啤酒）、Camum（大麥啤酒）與Cervisia（小麥啤酒），剛好就是烏爾比安所提到的那三個種類。

啤酒對羅馬帝國的最關鍵意義，在於作為邊防駐軍的備糧，因為啤酒是種既便宜又衛生的飲料。由於區域性的狀況——在日耳曼、不列顛或埃及地區，啤酒是傳統飲品，以及主觀偏好——羅馬帝國時代有越來

---

[30] 西賽羅（Cicero）：西元前106～43年，羅馬共和晚期的哲學家、政治家、作家、雄辯家。

越多非義大利人從軍，於是在北方和埃及，啤酒的重要性與日俱增。西元4世紀的一份莎草紙手稿便證明了當時分配啤酒給駐埃及達爾馬提亞（Dalmatien）士兵的事實。此外，駐守哈德良長城[31]的某士官，還曾寫了如下訊息給長官：「拜託，告訴我們該怎麼辦。我們是該全部回到營地去，還是只回去一半的人？兄弟們沒有啤酒（Cervesa）喝了，請送些過來。」他們喝的啤酒大多是就地釀造，或向當地的廠商購買。

西元1、2世紀之交，一塊來自英國文德蘭達（Vindolanda）營地的小告示板證實，那時的百夫長[32]會先掏腰包代士兵購買啤酒，且因量大而能拿到廠商或經銷商的優惠價格，之後等大家發軍餉時，再從中把酒錢扣掉。因此，羅馬帝國時期，埃及地區有不少啤酒商與專業釀酒師，北方甚至有同業公會前來協調啤酒經銷商與釀酒師間的運作，而且還有女性啤酒商，例如特里爾（Trier）的荷西蒂亞就是其中一位。

那時，羅馬的啤酒釀造中心是莫瑟爾河谷地區（Moselregion）的大城奧古斯塔特雷維羅倫市（Augusta Treverorum），西元3世紀中葉至4世紀末，該城是羅馬皇帝居住的城市。來自這裡及北方各區的飲酒容器上，都寫上了如「裝滿吧，遞送吧，一大壺的好啤酒」，或是「幫我把瓶子裝滿啤酒」的文字，這些字句傳達了訊息——在那時代，暢飲啤酒是件稀鬆平常的事。另有種於西元150～250年間盛行的特殊雙耳壺，顯然就是運送啤酒用的。啤酒運輸的第一個地點是啤酒釀造場所，許多地

方遺留了痕跡，包括當時的駐軍地文德蘭達、勒斯尼斯（Lösnich）、桑騰（Xanten）與雷根斯堡（Regensburg），以及納慕爾（Namur）的兩座莊園內都有發現。這些遺跡證明了，在羅馬帝國時代，至少邊陲地區的啤酒釀造與販售都是非常專業的，所衍生的經濟效益更是不容小覷。

㉛ 哈德良長城（Hadrianwall）：羅馬皇帝哈德良興建的防禦工事，由石頭和泥土構成。

㉜ 百夫長：羅馬軍團中的職業軍官，領導百人部隊，負責平日訓練與戰時指揮。

CHAPTER
4

中世紀釀酒新秩序
——飲用及釀造權之爭

日耳曼——釀酒鍋爐的繼承與轉變

石頭啤酒釀造法

　　西元410年夏天，羅馬帝國遭逢自西元前387年高盧入侵以來的首度外患——野蠻日耳曼人的征服與掠奪。羅馬人與日耳曼人有意識且慘烈的第一次對決，是在諾里亞[1]與阿勞西奧[2]的殺戮戰場上。西元前102與101年，馬略執政官（Konsul Marius）帶領大軍分別在六水河（Aquae Sextiae）與維爾瑟拉（Vercellae）大敗辛布里人與條頓人[3]。過了半世紀，雙方又在萊茵河畔相逢，那時萊茵河已成為羅馬帝國的領土邊界。

　　第一個記錄日耳曼人相關事蹟的羅馬人，是蓋烏斯・尤利烏斯・凱撒[4]（西元前100～44年），他在與高盧人的交戰中和日耳曼人相遇，斷定：「他們不事耕作，攝食內容多為牛奶、乳酪與肉類。」那時的日耳曼人只從事乳品業，最重要的酒精飲料應是蜂蜜酒，或是用蜂蜜與穀類製成的混合飲品。許多口耳相傳的北方神話，都提到「詩人蜂蜜酒」這

---

[1] 諾里亞（Noreia）：位於今阿爾卑斯山東方的古城。
[2] 阿勞西奧（Arausio）：今稱奧朗日（Orange），位於法國南部。
[3] 辛布里人（Kimbern）與條頓人（Teutonen）：兩者均是古日耳曼民族的一支。
[4] 蓋烏斯・尤利烏斯・凱撒（Gaius Julius Caesar）：羅馬共和末期的軍事統帥與政治家。

個詞。傳說女神在容器內啜飲香涎後，便創造出一個名為卡瓦希爾（以麵包釀製的啤酒卡瓦斯命名）的全知全能者。後來，小矮人殺了卡瓦希爾，並將他的血與蜂蜜混合，釀成詩人蜂蜜酒。喝了這酒，任何人都會成為詩人騷客。

其實這故事說明了一種簡易啤酒的製作過程：穀物澱粉經由唾液糖化，所產出的汁液（即卡瓦希爾的血）再加入蜂蜜增添甜度，並經由蜂蜜內含的酵母進行發酵。製作這種飲品不須大費周章，也沒有複雜的糖化技術，但凱撒的時代過後150年，情況卻改變了。古羅馬作家塔西陀如此註記：「他們所喝的，是一種由大麥或小麥製造、發酵過程與葡萄酒雷同的飲料。」日耳曼人由凱爾特人那裡承襲了啤酒的釀造方法，且如塔西陀所確認的，那時的人們也種植大麥，產量足以釀製啤酒，作為發酵劑的就是蜂蜜。有個發現於哈德斯雷本[5]、約西元1世紀的日耳曼飲酒用牛角，裡面便殘存了發芽小麥與花粉的痕跡。另外，野莓也可能被拿來作為酵母的來源。倘若日耳曼人亦學得凱爾特人的發芽製麥工序，那他們的啤酒添加物便可能與凱爾特人相同，即包括天仙子、楊梅科植物或杜香等自石器時代就存在的植物。為增添啤酒風味與延長保存期限，也會視配方與取得便利性而加入橡樹皮、梣樹葉、刺柏果實、黑刺李與菖屬植物等。

至於釀酒，那時的人會拿現有的廚房用具來製作，也就是煮食或處

理乳製品的鍋具，其中包括不防火的木製用品，因為陶製或金屬容器過於昂貴，或手邊能取得的材料無法製成金屬鍋爐。這時，燒紅的石塊就派上用場了，只要把石頭丟進液體裡，即可熬煮麥芽糊，或使麥汁達到適合的糖化溫度。這種「石頭啤酒釀造法」，在北歐與東歐風行至西元19世紀，甚至如今在法蘭克地區⁶ 仍然繼續採用，依此法釀造的啤酒會多出宜人的甜味——因滾燙的石頭會使麥芽漿產生焦糖。另外，那時日耳曼人的觀念是，釀造啤酒是主婦的家務之一。

社交與祭祀的要角

在日耳曼文化裡，啤酒也是儀式與慶典上不可或缺的要角。回顧過往歷史，慶典總以暢飲來作結，這是承自祭祀盛宴的習慣，但之中的祭儀本質不曾真正被拋棄。慶典上，人們自獻祭神明的酒杯中啜飲，並喃喃唸出儀式咒語或節慶讚辭。在基督教文明的世界裡，這些被視為異教徒式的慶典被聖誕節、復活節、聖約翰節與聖米歇爾日等取代。除了跟宗教有關的饗宴外，私人聚會也擺酒宴，例如家有喜事或實踐對神明的承諾，以及為了擺平懲戒與補償之類糾紛的聚會等。這種聚會與酒宴稱

❺ 哈德斯雷本（Hadersleben）：位於今丹麥南部的城市。
❻ 法蘭克地區（Franken）：德國的歷史地區，大致範圍是巴伐利亞北部、圖林根南部及部分巴登-符騰堡邦。

為Gildi，這字源於「有同樣興趣與意圖的一群人」（Gilde）以及「錢」（Geld）。此外，婚喪喜慶自然也是私人聚會，那時為了宣布訂婚喜訊所擺的酒宴，甚至被稱為「啤酒會議」。

最有名的神話慶宴應屬瓦爾哈拉[7] 的故事。高高在上的主神奧丁[8]令女武神瓦爾基麗（Walküre）帶來陣亡的英靈戰士，以豐盛的蜂蜜酒與啤酒款待。這個神話也反映了當時的社會狀況，如同凱爾特人般，日耳曼人的團體中亦有嚴明的座位安排秩序，通常由當中的領導人與其他人共同決定。若有外人想要加入，必須先確定他在此處的排名，才能幫他安排適當的座位。排名得參考這人至今的所作所為，由大家討論後決定，不過，到頭來弄得揮拳相向的狀況也不少見。但無論如何，經過這些程序後，新來者才能成為團體中的一分子。這種酒宴有增進團體認同、讓大家培養感情的作用，也是階級輩分的公開明示，不僅顯示於座位的安排，也表現在女主人遞送飲酒牛角的順序上。

用來盛裝啤酒的鍋子，也具有宗教儀式上的意義，不僅是神聖的容器，亦屬於獻祭的一部分。這神奇的鍋子象徵著豐盈，所有從中取飲的人，都能與其代表的孕育能力緊密相連，故無論是在凱爾特或日耳曼神話裡，鍋具都非常重要。北歐神話《希密爾之歌》（Hymirlied）裡的神祇索爾（Thor）向巨人提爾（Tyr）請求給予巨鍋，就是為了盛裝啤酒，好開辦酒宴招待眾神。因此，巨型鍋子也是地位的標記，王公貴族與各

方領導人視為珍寶，又因其具祭祀功能，常成為陪葬的物品。早期的基督徒對啤酒鍋具的宗教意義略有所知，曾將這種鍋子及其內容物魔化為邪惡力量的工具。例如，聖高隆邦[9]（西元540～615年）有回遇到一群蘇維匯人[10]，他們帶著裝滿啤酒的巨鍋，正準備前往參加沃坦慶典[11]。聖高隆邦見狀，便朝那巨鍋一吹，鍋爐頓時四分五裂、漿液迸流，這結果被他視為對褻瀆神明意圖的勝利。

　　日耳曼的啤酒傳統流傳至今，Bier/Beer（啤酒）與Ale（愛爾）已成為此種飲料的代名詞，而這些名稱則是從西日耳曼的Bior與北日耳曼的Ealu而來。

---

❼ 瓦爾哈拉（Walhall）：北歐神話中的天堂。

❽ 奧丁（Odin）：北歐神話中的戰神與亡靈之王。

❾ 聖高隆邦（St. Columban）：愛爾蘭人，中世紀著名的天主教修道士，在歐洲各地建立修道院。

❿ 蘇維匯人（Sueben）：古日耳曼民族的一支。

⓫ 沃坦慶典（Wotan）：即奧丁慶典，沃坦是奧丁的德語名稱。

卡洛林文藝復興——啤酒與修道士的辯論

接受啤酒的契機

自從哥特人[12] 在羅馬帝國的領土攻城掠地以來，以萊茵河為界的邊境情勢就大為改觀。許多大大小小、富冒險精神的日耳曼部族，在各自領導人的率領下，遠抵高盧內地。三百年來效率驚人、產量豐富且小城分布的羅馬式農業經濟制度因此崩潰，古羅馬農莊逐漸變成備有前庭的莊園大屋或村落，轉變過程因氣候變遷為濕冷天氣而加速進行。某些小麥品種，特別是二粒小麥與斯佩爾特小麥（Dinkel）的種植量大減，但大麥、燕麥與裸麥的耕種量卻持續增加。新品種穀物大受歡迎，與此時期正由畜牧業過渡至農耕型態，即所謂的「三田制」有密切關係，許多創新之舉也助長了這個趨勢，越來越多馬匹投入軍事與農耕用途，促進燕麥的種植；鐵製的雙向犁與長鐮刀改善土地耕作與農產收穫。此外，水車的應用有助於有殼穀類（如小麥）的生長，但無殼穀類（如古老的斯佩爾特小麥）就會被犧牲了。此時三田制的換作農耕經濟型態已確立，冬作、夏作與休耕輪流進行，最優選的組合便是冬作種裸麥或小麥，夏作則是燕麥或大麥。

那時，在萊茵河左岸地區，日耳曼人仍屬少數民族，因此必須與高

盧-羅馬人及尚存的凱爾特人共存。為融合各種不同的文化，一部白紙黑字的日耳曼生活法典於是誕生。蘭特斐德公爵（Herzog Lantfrid，西元709～730年）在阿勒曼尼[13]部族大會上，頒布了《阿勒曼尼律法》（*Lex Alamannorum*）。其中第21章明示：「*服務於教會的人，根據規定，須繳納如下物資：15單位的啤酒、價值1金幣的豬隻、2蒲氏耳[14]麵包、5隻雞與20顆蛋。*」啤酒竟名列繳納清單第一位，這是很值得一提的事，因為這些可是被指定交予主教及其「家庭」，也就是治理單位的物品。羅馬教會原本承襲希臘-羅馬傳統，對啤酒不屑一顧，但在這遙遠的邊陲地帶，早期仍無可種葡萄之地，所以還是勉為其難接受啤酒。西元7世紀起的凱爾特傳教運動（Iroschottische Mission），更對這些調整過程起了推波助瀾之力。

另外，那時的愛爾蘭仍富有凱爾特風情，因此他們對於啤酒的態度是正面的。《古愛爾蘭法律大全》[15]內文所詳述的國王一週生活安排計畫，就規定神聖的星期日應保留給喝啤酒相關活動，因為這是很重要的

---

❶❷ 哥特人（Goten）：東日耳曼民族的一支。

❸ 阿勒曼尼：Alamannen，此名源於美因河上游的日耳曼部落同盟。今日的法語稱德國為Allemagne，是承襲舊稱而來。

❹ 蒲氏耳：Scheffel，古代的容積估計器具，多用來測量穀物。

❺ 《古愛爾蘭法律大全》：西元8世紀初的古愛爾蘭法律規定問答集，裡面規定了社會中7個階級應有的生活細節。但這些階級並不是固定的，可經由努力來轉換。

社會政治溝通。愛爾蘭凱爾特啤酒文化的重要代表人物之一，便是基戴爾修道院院長聖碧姬特（St. Brigit，西元452～525年）。早期的聖徒傳記寫道，聖碧姬特不僅將啤酒贈予周遭眾人，也造就了各種不同的啤酒奇蹟。西元11世紀的一首讚美詩應就是讚頌她的事蹟，詩中所描繪的天堂如同西元前的基督盛宴，作為王的基督與信徒同在。

啤酒正式成為教會飲品

西元590年起，高隆邦（Columban der Jüngere，西元540～615年）在國王支持下，到今日的法國地區傳教。那時小國林立，宗教人士能被遴選為王的方式，是去創辦墾拓型修道院。若有修道士願意在被選定的區域從事開墾，主事者多半會願意讓其建立所屬的修道院。為了達到宣傳教義的目的，他們多半會選擇邊境的荒涼之地，或直接進入所謂的異教徒區域開拓停留。這些帶著愛爾蘭法蘭克民族色彩的修道院，也必須負責啤酒的供應。聖徒傳記作者巴比歐（Jonas von Bobbio，約西元600～659年）曾在所著的高隆邦傳記中寫著：「他們以小麥或大麥汁釀造啤酒，那時，不僅斯柯迪斯奇族與達爾達尼亞族人賞光，高盧、布列塔尼、愛爾蘭與日耳曼地區及相關族群都會飲用這種飲料。」經過一番嚴謹的比較後，巴比歐發現，身處日耳曼蠻荒區域的修道士，尤須仰賴自給自足的啤酒，於是，一段悠長光榮的修道院啤酒釀造史就此展開。

　　隨著默洛溫（Merowinger）王朝的結束，西元754年，卡洛林家族
（Karolinger）的丕平（Pippin）獲教宗史蒂芬二世（Stephan II）加冕為
王，日耳曼民族法蘭克人的遴選國王方式，轉由神的恩典來決定。從
此，法蘭克王朝成為基督教政府。這個「神聖的」王國有種種理由需要
統一的教會組織，修道院裡的生活也得一項項規定好，畢竟那事關修道
士究竟能得到永生還是遭受天譴，也跟那些想獲得救贖的人們有關。

　　起先，有兩條互不相容的修道路線並行，且經常爭論不休。例如，
西元8世紀末，愛爾蘭的兩位修道院院長，杜布利提與梅‧盧爾，就對
前往天堂的正確路途有不同意見。杜布利提院長認為：「我們這裡的修
道士喝啤酒，也能跟你們的修道士一樣上天堂。」但盧爾院長不准修
道士吃肉喝酒，持相反意見：「這我就不確定了。我只知道，遵守我的
戒律，並依照修道院規矩行事的修道士，不須經過最後的審判與煉獄的
淨化，即可進入天堂，因為他們原本就是純淨的。但你那裡的修道士不
同，他們還得通過煉獄的淨化才行。」這場修道士間的口舌之爭，爭論
重點其實是——修道士到底該清心寡慾、離群索居，還是積極入世參與
眾人生活？西元816～819年間，阿亨（Aachen）主教立下具約束性的規
範，確定了修道士每日可飲用一杯（一個赫密納Hemina，約0.27公升，
即「四分之一」）葡萄酒，或是一賽斯塔流（Sextarius，約0.55公升，即
「一半」）的「好啤酒」。至此，啤酒終於被教會接受。

修道院設計的釀酒坊

　　卡洛林時代理想中的修道院到底長什麼樣？賴歇瑙（Reichenau）修道院完成了設計圖，並由聖加侖修道院的高資培特（Gozbert，西元816～837年間擔任院長）付諸實行。西元10世紀時，聖加侖修道院已可容納110位修道士，並能提供200位信徒停留住宿，整個規模已與最初的計畫相近。那裡共有40棟建築物，其中3處是啤酒釀造坊。我們可從一張修道士諾特克・巴爾布路斯（Notker Balbulus，又名結巴諾特克Notker der Stammler，約西元840～912年）所開具的證明，了解啤酒在該處日常飲食中的重要性。這張證明與長期在聖加侖修道院生活的托鄧特人（Tradenten）相關，上面記載了每日的供餐內容。諾特克承諾，他們每天可獲「麵包、啤酒、蔬菜與牛奶，節慶日還提供肉類餐點。」

　　根據計畫中的理想方案所示，三座啤酒釀造坊應設於院內不同的位置，且須緊鄰各招待設施，也就是貴客住房、窮人與朝聖者休息之處，及修道士餐廳旁的廚房等。這種將釀酒坊直接設在啤酒飲用處所旁的做法，其用意並不難理解，顯然啤酒是消耗很快的飲品。此外，三座釀酒坊旁皆設有麵包房，除了便於共用所培養的酵母外，也可能使用發酵麵糰來釀造啤酒。而且，無論是釀酒或烤麵包，都需要用到柴火。西元855年左右，某張聖貝爾丁修道院（Abtei St. Bertin）開出的憑證上，便

記載了與木柴業者相關的事項，他們分別為釀酒坊與麵包房送貨。

聖加侖修道院內的三座釀酒坊，皆由兩個空間構成。面積較大的那間，中央設置一座爐子，金屬製的鍋爐中正熬煮著麥汁。設計圖裡，爐子周圍還繪製了四個容器，應是作為過濾麥芽漿或預備發酵工作之用。而旁邊隔離出的狹小空間，包括啤酒釀製的冷卻過程，甚至麥汁發酵等，都會在此進行。至少有兩座釀酒坊的同一空間，的確被標示為「冷卻啤酒」之用。

三座釀酒坊中最大的一間，是為修道士們所設的，坐落於一棟複合式建築中，與一座穀倉、一間烘乾室、兩個水力傳動搗碎設備及兩座磨坊共建。此外，這個集釀酒與麵包烘焙功能於一身的處所，還直接與製桶工房相鄰，且這裡的穀倉確定只供釀酒穀物使用。釀酒穀物竟被分開儲存，這是很特別的事。至於為何會有如此做法，可能是因當時只使用某些特定穀類來釀酒，又或者釀酒穀物需要特定的品質。根據艾克哈德四世（Ekkehard IV，約西元980～1057年）這位聖加侖修道院史料撰述者之言，他們所採用的穀物以燕麥為主，但究竟是在何處浸泡穀物以利其發芽，在這鉅細靡遺的設計圖中，竟然遍尋不著；另外，麥芽專用的打穀場也不見蹤跡。不過據推測，此處的烘乾室應是作為處理三座釀酒坊的產出物之用，搗碎器與磨坊也是，因為整個修道院內只有這裡具備這些設施。

在修道院的規劃書裡，有兩種啤酒名稱：Celia與Cervisa。根據艾克哈德四世所述的復活節賜福食品準備工作，也就是「Benedictiones ad mensas」，便用到這兩個名詞。「在堅不可摧的十字架之前，就用啤酒（Caelia）來祈神賜福……餐前與餐後的感恩禱告，則須佐以最好的啤酒（Cervise）。」但計畫書裡並沒有提供進一步的訊息，因此無從得知，上述句子的意思，是指不同種類的啤酒（以不一樣穀物釀成）、酒精濃度有差異的啤酒，或是釀造程度不同的啤酒。但無論隱藏在這些專有名詞背後的技術為何，可以確定的是，要供應品質良好的啤酒給為數眾多的修道士及旅客享用，必須要有合理的計畫與專業運作才可能實現。

卡洛林王朝時的其他文件，也提供了相關佐證。「Capitulare de villis vel Curtis imperii」是一份管理規章，專述皇室物資總管的職責，麥芽與啤酒的相關規定被分列於四個章節中。第34章為所有食物生產的手工製程立下最嚴格的衛生標準，包括麥芽與啤酒的製作。第45章則與重要的專業人員相關，這些人得接受專職訓練人員的教導，並分配工作。文中還提到發酵技師，啤酒、蘋果與梨子酒，以及其他精緻飲品，都由他們負責製作。第61章是關於皇室的啤酒供應，推測此處應是指當時位於阿亨（Aachen）的宮廷。皇室物資總管得隨時待命，負責將麥芽與專業釀酒師送入宮中，釀造「好」啤酒。第62章則純粹與各種經濟活動的年度結算相關，啤酒的釀造也是項目之一。

　　歸納起來，我們可以確定，啤酒在卡洛林王朝的日常生活中，占了很重要的位置。無論是皇室或修道院的啤酒供應，皆已仰賴專職人員的大量釀造。古羅馬的組織能力與技術，以及日耳曼-凱爾特的啤酒文化，在此獲得成就非凡的結合。

諾曼人與西斯拉夫人──忽布花傳進歐洲

來自斯拉夫的忽布花

　　西元804年，兩大軍事陣營駐紮在日德蘭半島[16] 南部。卡爾大帝[17]的軍隊停留在霍倫斯特（Hollenstedt），靜觀那時的賀德彼（Haithabu/ Hedeby）之王，也就是丹麥諾曼人（Nordmänner）首領古德斐德（Gudfred），如何在愛德河（Eider）北方招募集結。另外還有第三方勢力，即屬斯拉夫民族的奧伯特人[18]，以卡爾大帝附庸國的身分參與結盟。這一切對峙，為的是波羅的海區域龐大的貿易利益。數十年來，卡

---

[16] 日德蘭半島（Jütland）：是歐洲北部的半島，位於北海與波羅的海之間。
[17] 卡爾大帝（Karl der Große）：即查理曼大帝，卡洛林王朝國王，西元800年時在羅馬接受教皇加冕。
[18] 奧伯特人（Obotriten）：西斯拉夫人，即Wenden。

爾大帝冷血無情地在今日德國東北方攻城掠地,為的就是想暢行無阻地前往波羅的海。但諾曼人也想大肆擴張勢力,當然得出手阻止他。至於西斯拉夫人,即使只想顧好自己的商業利益,也絕不希望諾曼人過於強大。雖然如此,這三者之間卻有相互依存的關係,因為隨著卡洛林王朝往薩克森[19]方向擴張,阿爾卑斯山貿易通道也被打開,成為遠距貿易樞紐,讓波羅的海與地中海間的通商更加方便。因此,啤酒史上多了兩個玩家──諾曼人與西斯拉夫人,他們還為啤酒注入了新的成分──忽布花(啤酒花)。

在西元8世紀時,西斯拉夫人從薩爾河(Saale)與易北河(Elbe)流域一路殺到波羅的海邊,並在這過程中集結了許多部落,成為像奧伯特那樣的同族聯盟。這些部族向來善於農耕,也是創意十足的技術人員。由於忽布花的植物屬名Humulus顯然是斯拉夫語,說不定還可追溯至芬蘭-烏戈爾語(Finno-Ugrische)的命名法,所以卡爾·林奈[20]及其之後的許多作者,都以為忽布花之所以會應用在啤酒釀造中,是因為由東向西的歐洲民族大遷徙所致。但無論實情如何,可以確定的是,古斯拉夫語中的Chumeli/Chemele、芬蘭-烏戈爾語的Humala/Kumlach、土耳其語的Qumlaq、卡洛林文藝復興時期語言的Humulus,以及斯堪地納維亞語中的Humall,都可溯源至高加索地區的阿蘭(Alanen)/奧賽梯(Osseten)族所使用的麥汁定義Chumälläg。另可確知的是,拉丁文中的

Lupus，於西元8、9世紀時，在添加忽布花的啤酒相關定義中，尚未出現蹤跡。

斯拉夫人向來使用忽布花釀造啤酒，考古文物證實了，斯拉夫啤酒是由小米、大麥、小麥、裸麥與燕麥釀成，單一穀類或混合各種穀類均有，而且一定會添加忽布花。拜占庭歷史學者佐納拉斯（Johannes Zonaras，約西元1120年），曾提及一種會讓人醉醺醺的斯拉夫飲品Humeli。但斯拉夫啤酒的種類其實很繁多，酸甜口味的立陶宛啤酒Alus與俄羅斯啤酒克瓦斯相同，是採麵包發酵的方法釀造；其他啤酒，則有取白樺樹汁來製作的。如同北方人與弗里斯蘭人[21]，斯拉夫人除了使用忽布花外，還添加楊梅屬植物與杜香，並將由此釀造出的啤酒當製作發酵麵糰之用。

因此，忽布花與添加忽布花的啤酒在斯拉夫文化裡占有重要的地位。忽布花是肥沃豐收的象徵，像待嫁新娘就得經過忽布花的拋灑洗禮。而以加了忽布花的啤酒作為祭酒，更是普遍之事；祭祀家神及向豐收女神祈求好收成時，除了牛奶與黑雄雞外，也會用上啤酒。斯拉夫人很早就參與了熱絡的忽布花交易，西元10世紀起，波西米亞（Böhmen）

---

❶❾ 薩克森（Sachsen）：位於今日德國東部之邦。

❷⓿ 卡爾・林奈（Carl von Linné）：西元1707～1778年，瑞典的動植物學家與醫生，現代生物分類學之父。

❷❶ 弗里斯蘭人（Friesen）：日耳曼人的其中一支，今日為德國與荷蘭境內的少數民族。

地區的忽布花種植便有史可考。西元1220年的呂貝克（Lübeck）地區市場法規更明訂，轄區內的市立西斯拉夫市場，由附近斯拉夫人所帶入販售的貨品中，只有亞麻與忽布花免稅。西元14與15世紀時，威斯馬城（Wismar）自梅克倫堡（Mecklenburg）的東部與東南部，也就是所謂的西斯拉夫之邦（Wendland），輸入了許多忽布花。這些例子證明了斯拉夫忽布花在當時是很流行的。

　　此外，還可在另一種市場裡發現斯拉夫人的蹤跡，正是作為貨品、輸往永不饜足的伊斯蘭奴隸市場。那時的奴隸交易多先自東方往卡洛林王朝方向進行，再轉賣至威尼斯，生意興隆又有利可圖。因此可推測，西元9世紀下半葉弗萊辛城（Freising）開始拓墾忽布花種植園地時，西斯拉夫奴隸應參與其中。有份西元890年華爾道主教（Bischof Waldo）時期的文件，便記錄了首座忽布花田與葡萄園結合的事蹟，只是這裡所種植的忽布花到底有沒有被用於釀造啤酒，則不得而知。不過可以確定的是，卡洛林王朝時期的其他修道院已釀造出添加忽布花的啤酒。

　　至於忽布花在文獻中的首度現身，則是由可爾比（Corbie）修道院的阿達爾哈德院長（Adalhard，西元752～826年）在其《法規大全》（*Consuetudines Corbeienses*）中提及。由於阿達爾哈德院長之前在赫克斯特爾（Höxter）建立了柯爾威（Corvey）修道院，因此這法規也適用於該處。阿達爾哈德規定，擔任修道院門房總管的弟兄，除了負責照料訪客

的飲食起居外，可自修道院的什一稅[22]中，抽取一部分的忽布花作為釀造啤酒之用，還能視需要追加份量。此外，阿達爾哈德免除了修道院專屬磨坊的製麥工作，並令他們去採集忽布花與蒐集柴火。顯然，那時的忽布花雖不是罕見之物，且可採集野生忽布花供啤酒製作，但也還沒被廣為種植。

西元9世紀，聖瑞米斯（St. Remis）修道院與聖日耳曼（St. Germain）修道院也宣布忽布花可作為稅捐繳納，看來這兩處應是允許釀造忽布花啤酒。奉太納爾修道院（Kloster Fontanelle）院長安瑟吉斯（Ansegisus，西元770～834年）更明確指出，Sicera Humolone，即添加了忽布花的啤酒，也是稅收項目之一。之後，忽布花作為啤酒調味的普遍性日增，甚至擴及葡萄酒領域，單純仰賴野生忽布花的採集不敷所需，因此，如弗萊辛修道院般有規劃地種植已成趨勢。西元10、11世紀時，野生與種植的忽布花皆被採用。而忽布花種植能廣為流傳，據信與熙篤會修道士相當有關，因西元12、13世紀時，該教團於開墾新區不餘遺力。

---

❷ 什一稅：教會向人民徵收的宗教稅，稅額為捐獻者收入的1/10，主要用於供養神職人員與教堂開支。

維京人的遠航補給品

回到本章開頭，西元804年，第三個駐留愛德河岸的族群為諾曼人。西元9世紀時，斯堪地納維亞人與丹麥人已控制了芬蘭灣往英格蘭方向的海上貿易。丹麥人、瑞典人與挪威人成群四處劫掠，以維京人自居奪取戰利品，或開疆闢土尋找新的故鄉。但和日耳曼人不同的是，他們用來快攻奇襲的工具並非馬匹，而是船隻。遠程航行所備的飲料，必須是便於保存、營養豐富，且含有維他命與微量元素的飲品，雖然當時的人對微量元素所知甚少，但光享受它帶來的愉悅感便足矣。誠如維京人與其他北歐航海大國所認定的，只有忽布花啤酒能滿足航海人漂泊在廣闊北方海域時的需求。

因此，不只古德斐德在位時的首都賀德彼（今德國什列斯維格Schleswig附近）曾有忽布花的蹤影，其他的諾曼人港都，例如高龐（Kaupang）、比爾卡（Birka）或里伯（Ribe），也都挖掘出忽布花殘餘物與製作忽布花啤酒的遺跡。此外，在弗里西亞群島[23]沿岸，也有多處顯示忽布花存在過的痕跡。西元950年左右，一艘因船難而沉沒於英國肯特郡（Kent）格瑞夫尼（Craveney）西海岸的船，船中貨物便包括了忽布花。由於很少在盎格魯–撒克遜英格蘭發現忽布花啤酒的蹤跡，因此推斷，這船所運載的忽布花應是提供維京人大本營斯堪地納維亞約

克[24]（即今英國約克York）之用。

　　除了忽布花啤酒之外，其實還有其他種類的啤酒。屬於《埃達》神話詩之一的〈艾爾維斯之歌〉（Alvíssmál）便敘述了奧丁之子索爾與小矮人艾爾維斯（萬事通）之間的猜謎遊戲。索爾問艾爾維斯，啤酒在不同的世界中各以什麼名稱表示？艾爾維斯便一一細數給他聽：Öl（人類世界）、Bíorr（阿薩神族Asen）、Veig（醉醺的汁液，華納神族Wanen）、Hreinal（清澈的飲品，巨人族）、Mioör（蜂蜜酒，冥界）以及Sumbl（Symbl，巨人蘇圖恩之子的酒宴）。不過，我們無法確定他們所說的到底是哪些飲品。唯一確知的是，斯堪地納維亞人也以楊梅科植物釀製啤酒。楊梅灌木沿著波羅的海與北海岸生長，考古研究也證明了維京人聚落裡有可觀的楊梅植物。斯堪地納維亞的楊梅啤酒及稍後出現的藥草調味香料啤酒（Gruitbier）都含有北艾、蓍屬植物[25]、歐石楠與其他植物成分。這種啤酒絕不比忽布花啤酒好保存，卻是他們日常生活中的傳統飲料。西元13、14世紀時，瑞典以不明所以的理由禁止採集楊梅植物，並規定了該植物的收成時間。直到西元18世紀為止，斯堪地納維亞地區都還保有楊梅啤酒的製作。

㉓ 弗里西亞群島（Friesische Insel）：是北海的群島，從荷蘭與德國的海岸延伸到日德蘭半島。

㉔ 斯堪地納維亞約克（Jorvik）：維京人侵略英格蘭時，在約克地區形成的小王國。

㉕ 北艾（Beifuß）、蓍屬植物（Schafgarbe）：皆為菊科植物。

致命添加物——天仙子

　　與遙遠南方日耳曼部族相同的是，啤酒在諾曼人的日常生活與儀式慶典裡也扮演了極重要的角色。無論是在首領大廳，或是在代表身分地位的地方，也就是船裡，若沒有啤酒簡直無法想像。而以大大小小的桶子作為陪葬品，是為了方便亡者在極樂世界參與共飲，讓人好從群眾共用的大酒桶裡盛裝啤酒給他。此外，祭祀時所喝的啤酒，一般含有增強心理反應的植物成分，例如罌粟與天仙子。尤其是天仙子，往往讓人聯想到狂暴戰士[26]。在神話詩篇裡，他經常以醜陋但身經百戰的獨行俠形象現身，在狂飲某種特定啤酒後，便會陷入暴怒，然後如同狼人般驟然變身，先驚聲怒吼，隨即進入恐怖的狂亂狀態。

　　除此之外，天仙子啤酒也曾在別處被提及。法學家伊本・法都蘭（Ahmad ibn Fadlānd）受穆可塔迪（al-Muqtadir）哈里發[27]之託，在西元921年前往伏爾加保加利亞[28]，並在那裡與瓦良格人[29]（即Rūsiyyah，阿拉最骯髒的創作）相遇，這些人所從事的正是搶手至極的奴隸交易。在他逗留期間，親臨了該族某首領的葬禮，採取的儀式是將遺體放置在亡者的船上火葬。準備過程包括釀製一種特別的啤酒，眾人日夜不斷地飲用，喝到醉醺醺、茫茫然，有人就這樣喝到死，連杯子都還握在手中。這顯然可作為該啤酒含有天仙子成分的證據，因為過量食入這種植物，

會引發癱瘓、失去知覺並停止呼吸。葬禮中作為獻祭品的奴隸，同樣也喝了這種酒。不過，這種啤酒並不是經常供應，弗拉基米爾大公（Fürst Wladimir，天主教與東正教聖徒，西元960～1015年）的編年史裡記載，西元985年，他與瓦良格人訂下合約，誓言遵守所制定的啤酒配方：「若石頭開始飄游，忽布花沉淪地底，我們兩造之間的和平時日就算結束了。」另外，連古羅斯[30]人都知道忽布花與忽布花啤酒的價值。

㉖ 狂暴戰士（Berserker）：斯堪地納維亞神話裡的戰士，因受奧丁的神力影響而具狂戰體質。
㉗ 哈里發（Kalif）：阿拉伯帝國的最高統治者，亦為遜尼派穆斯林的精神領袖。
㉘ 伏爾加保加利亞（Wolgabulgren）：俄羅斯境內的古國，韃靼人與楚瓦什人是他們的後裔。
㉙ 瓦良格人（Waräger）：指西元8～10世紀走商路到東歐平原的諾曼人。
㉚ 古羅斯：即基輔羅斯，西元882年～1240年，由維京人建立、以東斯拉夫人為主的君主制國家。

釀酒鼎盛期——
修道院、城堡與城市的多角經營

修道院與城堡的啤酒稅捐

「那些被詛咒的日子，只望能不計入年歲之中，並自記憶裡完全抹去。」阿里貝圖斯（Alibertus）將西元841年6月25日的經歷寫入詩中，慘絕人寰的豐特努瓦戰役（Schlacht von Fontenoy）歷歷在目。他以貼切的韻文描述屍橫遍野的情景——法蘭克裝甲騎士紛紛在那裡應聲倒地。這一連串的戰役，為法蘭克帝國的落幕蓋上封印，帝國自此分裂成許多積弱不振的小國。之後不過半年，後人稱為日耳曼人的路易[31]與禿頭查理夏爾二世[32]，以古高地德文與古法文並進的方式，相互宣讀史特拉斯堡誓言（Straßburger Eide），宣誓效忠。在雙方的合約中，為了防衛四周虎視眈眈的鄰國，以及匈牙利人、薩拉森人[33]與維京人強大的附庸國來犯，國王可賦予公爵、主教和邊境伯爵一些特權，其相關內容用拉丁文寫成。以這種形式所賦予的特權中，也包括了啤酒釀造權。

西元974年，身在埃爾弗特的奧圖二世大帝（Kaiser Otto II.），同意他「親愛的」列日主教諾特格爾，除了現有的權利外，再給予弗西斯修道院啤酒釀造權。有趣的是，這份釀造權證書的內容，是以啤酒釀製

材料為主。至於這代表什麼意思，西元999年，奧圖三世所頒發的政令
做了說明。該政令是奧圖三世向烏特勒支總教區（Bistum Utrecht）為其父
母請求救贖的內容，而細數其公開的暴行，竟包括了「下令將一般的啤
酒釀造製程，一律稱之為藥草調味香料混合物（Grut）」。因詞意被混淆
了，如「發酵的啤酒，通常被稱為Grut」這類的慣用語越來越普遍。也就
是說，Grut這個字，此時可作為啤酒原料，也能代表釀酒權。而為了在
模糊的權利、釀酒原料與釀酒坊之間做區隔，西元1048年，本篤會[34]聖托
雷登修道院經梅斯地區主教泰爾多德瑞希二世（Theoderich II）授予啤酒
釀造權時，所登錄的內容便明示了區別所在：「整個啤酒藥草調味香料
權，獨屬此處所有，該處所並擁有製作啤酒藥草香料混合物的自由，並
有權在建築內設置生產啤酒藥草混合物的設備。」此時，Grut不再是全歐
洲無可置疑的啤酒釀造權同義詞，因為不久之後，聖托雷登修道院院長
阿德拉爾德便頒布了規章，定義了三種啤酒名稱：Cerevisia、Cambagio與
Cerevisia de gruta。

其實，無論是藥草調味啤酒，或是藥草調味香料（Gurt）這個用

㉛ 日耳曼人的路易：查理曼大帝的後人，東法蘭克王國國王。

㉜ 禿頭查理夏爾二世（Chales II. le Chauve）：查理曼大帝的後人，西法蘭克王國國王。

㉝ 薩拉森人（Sarazenen）：西元7世紀後的文獻中，歐洲人稱穆斯林為撒拉森人。

㉞ 本篤會（Benediktiner）：西元529年由義大利人聖本篤於義大利卡西諾山創立的天主教隱修會。

詞,都是區域限定的,大致上是從索姆河一直延伸到威悉河,南方則以里爾、波昂、畢勒斐爾德連成一條線為界。這個區域上的限制,使其重要成分,也就是楊梅科植物(Myrica Gale)呼之欲出。但與Gurt相近的名詞,在整個德語區裡也被廣為運用,西元9世紀時的一首諷刺詩,便以Grûz來形容訂婚或結婚喜宴所喝的啤酒。西元1000年左右,有位中萊茵區的作者撰寫了一本百科全書*Summarium Heinrici*,書中列舉他所熟知的飲料,並做成概覽。

最遲在西元1050年之際,公爵與主教們多已獲得啤酒釀造與酒館經營權,但這並非他們從國王手中拿到的唯一特權。除了其他特權外,鑄幣權也成為侯爵階級專有,但大家並非真的想要鑄造更多錢幣,而是自卡洛林王朝以來,歐洲中土內能運用的白銀已日漸減少。在可支配貨幣量有限的狀況下,最首當其衝的就是平民與農奴,於是以物易物大受歡迎,連部分稅款都以實物繳納。其中麥芽、忽布花與啤酒身擔重任,但因啤酒保存期限不長,所以只有離領主莊園不遠的居民能提供,如此才可能迅速消耗完畢。弗萊辛城本來就有這樣的傳統,根據西元815年的記載,城郊溫特弗靈的胡維辛執事,每年都會運送滿滿一車啤酒至弗萊辛城教堂。西元1170年的《法肯斯坦手抄法典》(*Falkensteiner Codex*)則記錄了唯一的啤酒稅捐,是從緊鄰法肯斯坦堡的奧多夫(Audorf)管轄區而來。西元1231~1234年間的第一本巴伐利亞公爵記帳冊,也記載

了啤酒稅捐多由蘭茲胡特城周邊地區提供；距離較遠的地方，則以麥芽與忽布花為稅捐。萊登哈斯拉赫修道院在西元1200年代仍無自有的釀酒坊，但每年卻會從鄰近的宮廷獲得36桶啤酒。

此外，啤酒稅捐也可作為遠處墾殖地飲食獲得妥善照料的依據，畢竟封地範圍有時是很分散的。位於亞爾薩斯的懷森堡修道院，在其財物登錄冊裡，除了穀物與麥芽稅捐外，還有數量可觀的啤酒稅捐，少部分甚至來自遙遠地區。那些啤酒有部分還被明確標示出「感謝婦女的貢獻」（尤其在她們為修道院共同縫製所屬頭巾時期），或指定供給為修道院擔任守衛任務的男人們。

啤酒除可拿來作為租借土地的費用，或履行某些應盡義務外，還有一些啤酒是徵收後專供主教或國王享用的，這種稅捐用途就是所謂的宮廷服務。那時的王國並沒有固定的首都，國王必須時常帶著朝中大臣小官動輒數百人隨行，其中許多隨行人的職責是為國王安排行程中的相關所需（行動王國的概念）。然而，由一個地方提供這麼多人的長期飲食，實在沒有哪個行宮或修道院吃得消。因此，西元1153年的阿亨地區王室田產一覽表上，就曾列出哪些產物屬於稅捐指定品，以及在國王行經此地時須提供朝廷使用（最久曾停留長達1年又40天）的數量。國王行經萊茵法蘭克區、巴伐利亞與倫巴底（Lombardei）時，所享用的飲料是葡萄酒，而薩克森地區的王室田產每天能提供5弗德爾（Fuder，約

4500公升）的啤酒。這種為上位者進貢的義務遍及最底層的社會階級，因此小如居特斯洛（Gütersloh）區的本篤會赫茲柏克修道院，都得奉上30桶啤酒與5桶蜂蜜酒做「教廷服務」。

　　其實，當權者收到實物稅捐後，多會撥出相當可觀的份量去照顧貧苦人家與卸除職務的人員，或作為官員與侍從的津貼。科隆總主教區於西元1153年的紀錄（科隆宮廷服務）詳列了每天960公升啤酒的去處，包括分配多少、給了誰。除了取1/7供給窮人外，其餘則按照一定的比例分配：紆利希公爵（包括他手下人員）獲50公升；牧羊人、製床工匠、船員或麵包師傅各獲近5公升。

　　另外，由於啤酒稅收不敷每日所需，領主便會下令將麥芽與穀物稅捐釀成啤酒。負責釀酒的專家便是如Braceatores（釀酒師），這些記載於西元1154年班貝格（Bamberg）地區米歇爾隱修僧院（Kloster Michelsberg）轄區證書的人，或是如科隆地籍冊上所稱的釀酒師（Bruere）艾澤林（Ezelin）。

城市興起瓜分釀造權

　　西元1100～1300年間，中世紀理想的天候促成了豐收。直到西元13世紀為止，釀造啤酒用的穀物都是以燕麥為主，其次是大麥，而且經常混合來用，但不清楚那些穀物到底是被分開或一起發芽製麥；是否僅使

用大麥芽進行糖化，還是由其他穀物磨成粉或絞碎加入其中，以作為澱粉來源。

　　農業收成也促進了技術的提升，倉儲方法的改善與日漸增多的穀物交易，使物資短缺的狀況得到緩解。而在其中推波助瀾的，便是修道院院規的改革，其中尤以熙篤會為最。熙篤會修士一心致力於與大自然和諧同調的生活，教堂的窗戶或梁柱接頭皆不飾以人物造型，而是綴以花草植物的圖樣。早期的愛爾蘭熙篤會凱爾默爾修道院（羅馬式建築），其梁柱頭便很有意思地刻了古凱爾特民族的藥草與啤酒添加植物，包括罌粟花蒴果、天仙子與烏頭屬植物。這種遺世獨立的修道院必然會自備釀酒坊，因為新的教規要求修士得過著自給自足的生活。但自西元11世紀以來，貨幣使用習慣逐漸普遍，凱爾默爾修道院也不置身其外，所釀的啤酒除了自用，也將多餘的出售。不過這種早期修道院釀酒坊的設備多半非常簡單，一口爐灶配上一只廚房大鍋，另闢一室作冷卻之用，其間再擺幾個木槽就完成了。

　　在那個時期，有利的氣候條件使聚落與墾殖面積暴增，這與人口急速成長有密切關係。許多城市便在作為貿易樞紐與物資集散中心的前提下，相繼於新開發區域建立，這在歐洲歷史上可說是前無古人、後無來者的景象。再說，這些城市都自行負起管理之責，某些治理有成的市鎮，其城市規章也成為許多地方的參考典範，重要的範例包括索斯

特、呂貝克與馬格堡的法規。這些新城市的創建人都是伯爵，因此得以行使某些特權，包括開闢啤酒釀造坊、製作麥芽與釀造啤酒，如同哥利茲（Gölitz）市長約翰尼斯‧哈斯所言，是攸關「市民飲食」之事，所以，只有真正的本市居民才能從事相關行業。如此，不但可確保該城的啤酒供應無虞，且能維持價格的經濟實惠。自此，價格制定、品質檢測與供應管道的調節，都成了市議會的職責之一，日後更形成同業公會的組織。此外，啤酒釀造權當然也只屬於本地市民所有。

西元14世紀前半葉，自由城彌爾豪森（Mühlhausen）的法規更明示了重點——只有繳了稅並服過兵役的市民，才有權利釀造啤酒與開設酒館。此令一出，進口外地啤酒及非市民釀造啤酒的狀況皆被拒於門外，但貴族與修道院自用啤酒的釀酒權，即使他們身處城牆之內，也不受此限。此外，基於某些特殊事由，是可以讓大家自行釀造啤酒的，例如慶祝豐收或準備婚禮時飲用等。

自西元13世紀起，許多城市在自治權之外，還擁有一種稱為「里程權」（Meilenrecht）的特權。意思是說，不必外加防禦工事的標明，只要在城牆周圍的一里之內，都得默許該城的麥芽與啤酒輸出。換句話說，這個範圍內的店家只准販賣這座城所釀造的啤酒。而該里程內的區域，通常也等同於該地啤酒出口的可及之地。

至於那些並非新建的「老」城市，其啤酒釀造權則不受上述規定

中世紀釀酒新秩序 ── 飲用及釀造權之爭 CHAPTER 4

影響，依然掌握在主教們或伯爵們手中；也就是說，仍維持壟斷的現象──不是只准領主獨家販賣，就是必須經由購買釀酒必備添加物來取得釀酒權。所謂的添加物，是指藥草香料混合物之類的，但也包括釀酒所需的酵母。馬格堡主教便經由「酵母管理局」將這些東西賣給想要釀製啤酒的臣民，範圍廣及哈勒（Halle）與漢堡（Hamburg）。西元12～14世紀期間，這些城市極力爭取，希望能擁有自己的獨占事業，多以租賃或購買的方式來取得釀酒權，大多數的領主因此開始債臺高築。西元1226年，明斯特城（Münster）便自他們主教那裡購得占總量1/3的藥草香料混合物，西元1278年時更是全數買下，並以年繳的方式將費用支付給主教堂管理單位。西元1309年，馬格堡主教與他所管轄的主教城締結合約，將手中的酵母管理權轉為隨啤酒販售而徵收的稅賦。此外，通常與啤酒相關的租賃權，並非屬於一城所有，多是由一個人或某聯合組織來行使，於是便有科隆華爾倫姆大主教在西元1342年將其藥草調味香料所有權租賃給市長威廉·夸特瑪爾特之事，而且期限長達終生；他過世後由未亡人持續租賃，直到西元1415年，才由科隆市政府接手承租。

　　另有一種取得釀酒權的辦法，是經由履行某實質作為來交換。荷蘭伯爵（Graf von Holland）便在西元1399年以這樣的概念與希斯丹城（Schiedam）交易，以藥草調味香料換取該城為他疏濬港口的工作，並負責後續維護事宜。至於那些無法從領主手中購得或爭取釀酒權的城市

及市民，例如慕尼黑或雷根斯堡，就會構成一種錯綜複雜的生態。這時，市民大眾與城府專屬釀酒師便形成從屬關係，因釀酒師在穀物市場與防火規定方面，都具有能影響相關事項的力量。這種釀酒師隸屬於因采邑制受巴伐利亞公爵封地之士，此人可決定准許多少市民釀酒、市民與所釀啤酒須符合什麼條件，以及該付給他及其管理工作多少費用等。

中世紀的大眾飲料

西元12世紀之後，啤酒會大受歡迎，應是多虧它成為消費商品的緣故。啤酒在中世紀普羅大眾的飲食單裡，已具有極重要的地位。儘管貴族階級還是堅持，如宮廷詩篇所敘，暢飲啤酒是件非常不體面的事。「……這兒不興啤酒，只見人攜著葡萄酒、卡拉瑞特（Claret）香料酒、西羅佩爾（Syropel）酒與甜蜂蜜酒前來。」詩人烏爾瑞希・馮・圖爾海姆（Ulrich von Türheim，約西元1195～1250年）在其作品《雷諾華特》（*Rennewart*）中如此寫著。聖杯騎士帕西法爾（Parzival）的故事中，則說佩拉佩爾城（Pelrapeire）被圍攻之時，居民悲慘地確知城內再無葡萄酒可喝，直到城開、物資恢復豐盈，他們才不須再喝啤酒。另一詩人哈特曼・馮・奧厄（Hartmann von Aue，約西元1210年生），則在其作品《伊凡》（*Iwein*）中語帶輕蔑地表示：「且牢牢記住，滿滿一杯葡萄酒，就能讓你口才便給、更有男子氣概，勝過喝下44杯水或啤酒。」不

過，以上純屬詩人所臆想的世界，與實際生活狀況根本不符。其實，連獅子亨利公爵[35]於西元1185年流亡英國時，都不忘央人釀製薩克森式啤酒，而且為了釀酒，他還向英國國王岳父購買小麥、大麥與蜂蜜。

當時許多居民不是擁有自己的釀酒坊，就是住家附近有可供應啤酒的商家。一城的麥芽與啤酒存量，甚至能決定該城在遭受圍攻時的存亡。無論是中產階級、一般平民或各方教士，都喝啤酒喝得津津有味，即使在修道院裡，啤酒也是尋常飲料。科威修道院的衛巴爾德院長（西元1098～1158年）便抱怨過院裡的修士：「不必敬酒，沒有斟酒服務人員，他們照樣心滿意足，因為在他們眼中，麵包、啤酒與肉類料理永遠不夠多。」因修道士們在某些狀況下，例如身處寫字間或用餐時，是禁止言語的，所以還漸漸發展出一種稱為Signa Loquendi的手語。希爾紹爾修道院長威廉於西元1090年左右，將之整理歸納，供熙篤會使用。其中也有用以表示啤酒的手勢，即兩手相互摩擦。

對於「普通民眾」來說，單調的日常飲食中，啤酒是除了燕麥粥與裸麥麵包外，唯一經濟實惠又營養衛生的飲料。城裡的勞動者、僕役或貧苦人家，喝的是一種口味薄的淡啤酒，或是老「酸酒」；修道士們日常喝的，其實也是淡啤酒。而貴族與高階神職人員，則理所當然喝優質

---

[35] 獅子亨利公爵：德國貴族和統帥，封號包括薩克森公爵與巴伐利亞公爵。

啤酒。不過有些中世紀的山城（採礦城市），如戈斯拉爾與弗萊貝格，也釀造名聞遐邇的高品質啤酒。

　　然而，只要利之所在，便離鬼迷心竅與欺瞞詐騙不遠，這是古今皆然的事。中世紀時，藉由含糊不清的標示對宗教機構行使的食品詐騙事件層出不窮。西元13世紀中期，傳教士貝特侯德‧馮‧雷根斯堡便曾對這個現象出言發難：「若干人士以腐壞的葡萄酒、酸臭的啤酒及未經煮沸的蜂蜜酒摻假行騙，或在供貨時偷斤減兩，企圖矇混過關。」

CHAPTER
5

供與需，暢談啤酒交易

—— 饑荒來襲與漢薩同盟興起

饑荒刺激啤酒需求

　　西元14世紀來臨之前，人口成長明顯趨緩。自西元1270年代以來，農業收成越來越不敷人類與牲畜所需，再加上氣候條件日益惡化，濕冷天氣縮短作物的生長期，並且降低了穀物品質。面對如此變化，首當其衝的就是農民，只好先從牲畜的穀物供應進行儉省，但產量還是持續減少，因為少了牲畜，那不可或缺的氮肥就失去來源。西元1315～1322年間，連年極端濕冷的天氣，終將一切帶往一場大災難，在人類記憶裡留下無法抹滅的「大饑荒」印記。

　　自西元1342年起，歐洲大陸又遭逢一連串的噩夢侵襲，首先是抹大拉瑪利亞世紀大洪水[1]，沒過多久，西元1348年又爆發了大瘟疫。原來狀似井然有序的中世紀社會制度斷然傾頹，教宗遷居至亞維儂；瑞士與蘇格蘭為獨立奮戰中；恐怖的百年戰爭則挾帶成群傭兵、惡棍大肆蹂躪歐洲大陸，後果簡直不堪設想。上層階級還可經由徵稅、購買、強取豪奪，以及改善城市與城堡裡的倉儲設備來勉強維持糧食備存，完全不似農民那般，縱使每公頃農田有500～900公斤的收成，在扣除稅額與病蟲

---

❶ 抹大拉瑪利亞世紀大洪水（Magdalenenhochwasser）：中世紀有名的水災，因發生於抹大拉聖瑪利亞日（7月22日）而得名。

害損失後，所剩無幾。於是，那時的街上飢民無數，一座座村莊像是被撤離了居民般變成空城；而失了根的農民，不是成為乞丐，就是加入強盜集團。

　　另外，連綿不斷的潮濕日子，即使天氣不甚配合也得收成，但勉強採收後，穀倉裡的穀物都帶著滿滿的濕氣。這些狀況助長了黴菌的孳生，從而衍生的毒素就是真菌，三不五時便竄入尋常百姓賴以維生的簡單飲食，也就是穀物裡。其中最常見的是由黑色麥角菌（Mutterkorn）所引發的病害，得病的裸麥穀子會蒙上一層白粉。這種真菌所含的麥角胺鹼（Mutterkornalkaloide）原本是民俗療法採納入藥的成分，但服用過量會引起妄想症狀。因此，刻意在「巫婆膏」裡加入麥角成分，便能讓鬼怪巫婆故事的面貌更加活靈活現。但若長期且大量取用，會因食入過多麥角菌而引起癱瘓，並在伸展手指、腳趾時疼痛萬分，即所謂的麥角鹼中毒（壞死）。許多近代史初期的畫作，例如伊森海姆祭壇屏風[2]，便繪有因麥角菌中毒而殘廢、在地上爬行的人。

　　在所有穀物中，裸麥是麥角黴菌（Claviceps Purpurea）最愛的宿主，而同樣含劇毒的鎌刀菌屬（Fusarien）則喜歡燕麥與小麥。相較之

---

❷ 伊森海姆祭壇屏風（Isenheimer Altar）：德國畫家馬諦亞斯・君訥華德（ Matthias Grünewald)為伊森海姆的教區教堂繪製之作。

下，作為中世紀人們主食的穀類中，只有大麥比較禁得起考驗。而西元14、15世紀忽布花啤酒大量普及之際，大麥正是主要的釀酒素材；會有如此現象，或許是因上述植物病害所造成的巨大影響。

　　一連串的疫情過後，各城市所面臨的卻是人口爆滿的狀況。原本，現有的財富只掌握在少數人手中，因勞動力短缺使得工資上升，所以某些人的購買力增強了。但後來自農村出走的人口流入城市，增加許多新市民，促進了新一波的消費力。換句話說，啤酒的需求量提高了，然而這也種下未來某些爭端的因子，並在西元15世紀吵到了最高點。而這一切，都得從某個提問開始，即到底誰能獲准賣多少啤酒？拉鋸的兩端，經常是市政府與擁有治外法權的市府所屬修道院。經由允許，修道院可釀酒供院內各方訪客飲用，但這會造成與市府釀酒廠之間的競爭。而類似的自用爭議，也發生在市府與貴族或大學之間，然後衍生出更根本的衝突，就是到底有哪些市民可以釀酒，以及釀多少的問題。由於實在太多人想釀酒，最後只好把釀酒權侷限在擁有房產的居民身上。之後，防火規定再進一步縮小了釀酒權的範圍，例如僅限石造房屋的屋主可以申請。發展至此，許多城市的啤酒釀造權成了貨真價實的房地產權，意思是說，想要取得釀造權，便得先擁有跟此權相關的房屋或土地才行。

　　接下來，輪流釀酒的規定又增加了更多限制，大家不僅得抽籤決定順序，且每段時間只能由某位市民進行釀酒。由於最佳釀酒時機通常介

於12月至隔年2月間，因此大家莫不爭破頭，想搶得先機。

　　第三種爭端則是與里程權相關，若貴族或修道院酒坊正好坐落於這個範圍內、接近轄區邊緣，或兩者勢力範圍有所重疊時，這種啤酒斷糧的衝突便有可能升級成流血的「啤酒戰爭」。西元1380～1382年間的布雷斯勞啤酒戰爭（Breslauer Bierkrieg）就是一例，或西元15世紀末哥利茲與齊陶兩城之間的征戰都是。大大小小、或多或少流血的暴力交鋒，直到西元18世紀為止都還時有所聞。而這類紛爭的最後一筆，應該是發生於西元1778年，上法蘭克地區奈拉（Naila）與薩爾比茲（Selbitz）兩鎮之間的齟齬。而最後的贏家，通常是出來解決爭端的王公諸侯或領主。

調香植物對啤酒的影響

大受歡迎的忽布花

　　西元14世紀時，加了忽布花的啤酒奏起凱歌，終於成為獨立的啤酒類型，過去的傳統啤酒從此加速退場。與楊梅科植物、杜香與歐蓍草相較之下，忽布花有個最大的優點，就是可經由人類培養種植，在面臨迅速暴增的需求時，也能供應無虞。在歐洲，培育的忽布花與野生種時常

以人為方式進行回交育種，這是今日分子生物學能證實的事，更證明了兩個品種長久以來共生共存的現象。

西元1031年，雷根斯堡的聖埃梅拉姆修道院記載了忽布花種植園事宜。西元1101年，一份由波西米亞地區進口物資的表單上，出現了忽布花的蹤跡。西元1160年之際的「馬格堡城市法」，忽布花相關事項也被列入，與艾克‧馮‧瑞沛高（Eike von Repgow，西元1180～1233年）所著的《薩克森明鏡》[3] 做法相同。西元13、14世紀之間，忽布花的相關訊息更被廣為傳播。西元1298年時，埃爾弗特（Erfurt）地區仍使用一種「蘭特忽布花」（Lanthopfen）來釀酒；西元1303年時，有座忽布花種植園便以此命名。

中世紀鼎盛時期，忽布花的交易非常熱絡，無論是城鄉之間或跨區域皆然。根據羅斯托克（Rostock）於西元1265年、斯特拉爾松德（Stralsund）於西元1284年，以及希維德尼察（Schweidnitz）於西元1328年的紀錄，忽布花市場除了本地忽布花外，尚有來自波西米亞與圖林根（Thüringen）地區的產品可進行交易。西元14世紀時，紐倫堡的忽布花交易官就職宣言裡，細數了多樣忽布花（啤酒花）品種，例如金色啤酒花（Landhopfen）、狩獵啤酒花（Weidhopfen）、史戴格森林啤酒花

---

❸《薩克森明鏡》（Sachsenspiegel）：德國中古世紀的法律大全，也是第一本以中古低地德文記述的律法書。

（Staigwaldhopfen）與薩爾菲德啤酒花（Saalfelderhopfen）等；即將在市場進行交易的產品，都已按照產地與品質做好分類。種種相關發展，在忽布花考古挖掘物上得到佐證，證明自西元11世紀以來，波蘭、捷克與北德地區也有逐步增加採用忽布花的趨勢。

西元1311年，彌爾豪森（Mühlhausen）的立法會議拍板定案，忽布花的測量工具須繪上市徽或國鷹。隨著漢薩城市（Hansestädte）間越趨緊密頻繁的交流，忽布花的種植與交易範圍更加廣闊，忽布花啤酒也因此流傳至萊茵地區。西元1338年起，忽布花名列史特拉斯堡免稅貨品之一。但在特里爾（Trier）──羅馬時代的啤酒大城──卻直到西元15世紀末才開始釀造忽布花啤酒。同時期，紐倫堡地區的忽布花種植具備了跨區域的重要性。西元1538年，艾希斯特（Eichstätt）主教授予麾下分治領主權力，讓其可使用專屬忽布花產品封印。最遲自西元15世紀末起，忽布花已成為最主要的啤酒調味成分。西元1406年時，勃根地約翰公爵為佛蘭德人[4] 設置忽布花勳章，舉凡推廣發展這種高貴農作物有功、並使其成為啤酒釀造重要成分之人，均授予榮譽勳章。

用各式藥草來調味

在一般傳統的藥草調味啤酒（Grutbier）裡，其實早有忽布花的成分。而藥草調味香料（Grut），或稱GrenSink，自中世紀興盛期始，這

個名詞也逐漸在原本已使用藥草香料來調味的區域之外使用。這種藥草香料啤酒的製作一點也不麻煩，因為中世紀晚期的釀酒坊只有非常簡單的設備。最重要的工具，不過是一只金屬鍋，可能是由鉛（至少有幾座英式愛爾啤酒釀製坊可為證）、鐵或銅所鑄成，並將之懸掛在爐火上。在某些城市中，市府專屬釀酒師還會攜帶鍋具遊走四方，因重量限制的關係，鍋子的容量最多不會超過600公升，只要市民需要，釀酒師就會親自帶鍋登門，按照配方為人釀酒。他們通常在釀酒前才當場製麥，材料是小麥/斯佩爾特小麥、燕麥、大麥或裸麥，混合使用也不少見，把粗磨的麥芽與水放入鍋中後，便以開放式火爐加熱。有時，會先將少量水分混入麥芽，再用槳狀的麥芽漿攪拌鏟和成團狀，讓麵糰醒一陣子後，放進鍋中加水攪拌，此時或稍待一會兒便可加入藥草調味香料，然後繼續加熱。在荷蘭地區，還見過釀酒坊使用兩只鍋具的方法，先讓麥汁冷卻，再倒入雙把大木盆或大木桶中，讓其進行頂層發酵，隨後倒進另一個木桶中，供立即取飲與存放之用。

　　這個藥草調味香料，其實是一種釀製啤酒原料的「混合完成品」。其中最主要的成分是楊梅科植物（Gagel），這種植物雖然有許多名稱，例如麵包師父灌木（Bäckerbusch）、釀酒人藥草（Brauerkraut）、沼澤

---

❹ 佛蘭德人（Flamen）：日耳曼民族的其中一支、比利時的主要民族之一。

愛神木（Bog-myrtle）或布拉邦愛神木（Brabanter Myrte）等，但其實都是指同樣的東西。代芬特爾（Deventer）城的帳簿上記載便是Myrtus，而同樣的意思挪至威瑟爾（Wesel），卻成了Costus或Custus。楊梅科植物只生長於海洋性氣候地區。若來到大陸性氣候區域，便會見到杜香（Sumpfporst，Ledum Palustre）越發茂密，這種植物屬杜鵑花科，以歐洲大陸高地沼澤區至西伯利亞及北美為家，在歐洲地區還有多種別名，如波爾斯（Pors）、苔癬迷迭香（Moosrosmarin）、蜜蜂歐蒔楠（Bienenheide）或跳蚤草（Flohkraut）等。而在加拿大與阿拉斯加，有個常見的名詞叫「拉布拉多茶」（Labrador Tea），便是指當地原住民添加此植物所製成、一種會令人迷醉的飲料。楊梅科植物與杜香其實是兩種截然不同的植物，除了少數斯堪地納維亞地區外，根本無法同時存在，而且成分所造成的心理效應也不同，但中世紀晚期的人們還是時常無法區分。他們會把Porst與其同義詞當成楊梅科植物，以為與Myrtus相同，或反過來發生類似的誤認。總之，那時的人對兩種植物的認知是無差別的，反正調製出來的都是傳統認可的麥汁。

　　楊梅也是一種經濟作物。西元1152年，丹麥國王華德馬爾贈予靈茲萊茲修道院一座教堂，也包括其周圍長滿楊梅植物的區域。西元1251年的一張贈予證書上，註記了某貴族遺留給布爾洛修道院無限期摘取轄區內楊梅藥草的權利。在有限的範圍內，楊梅也曾作為交易商品，西元

1284年之際，佛倫斯堡（Flensburg）與哈德斯雷奔（Hadersleben）兩城之間，曾為楊梅交易徵收關稅，卻禁止買賣忽布花。西元1328年的哥本哈根城堡庫存表單上，有一筆滿載楊梅植物與八大桶楊梅啤酒的紀錄。西元1431年，阿姆斯特丹海關的一本目錄，在漢薩聯盟商人的進口物品單中，列上了忽布花與楊梅植物。由於楊梅科植物、粗磨燕麥芽、大麥芽與小麥芽就是藥草調味香料的成分，所以還會出現「麥汁麥芽」的特殊名詞。此外，因藥草調味香料不時會與「天然生物色素」劃上等號，所以在某些地方，此物內含深色麥芽或其他植物性色素是可以的。

　　另外，有些名詞，例如Symeteien、Scherpentangen或Siler montanus也經常出現在相關的資料裡。這裡所指的是一種傘形科藥草植物（Laserkraut，Laserpitium Siler，也稱白龍膽或羅斯孜然），康羅德・馮・梅根貝格（Konrad von Megenberg，西元1309～1374年）曾在著作中提及，這種植物亦可作為蜂蜜酒的添加物。還有一種釀酒調味原料是天然樹脂（Harz），加此物質不僅是為了增加口感與風味（希臘的瑞特席納酒[5]至今仍添加此物），也因為它會帶來一些微生物作用。若要細數藥草調味香料的內含物，我們還能列出許多可能的植物，例如月桂、薑、茴芹、刺柏屬植物（Wacholderbeeren）、穀糠（Kleie）、

─────────────────────

❺ 瑞特席納酒（Retsina）：帶有松香味的希臘葡萄酒。

葛縷子（Kümmel），以及忽布花等。除了上述這些較基本的外，梣樹（Eschen）葉、雲杉（Fichten）芽、中亞苦蒿（Wermut）、丁香、北艾，與自凱爾特時代就使用的天仙子，都曾被加入啤酒中。

用調味來控管品質

在不同時期調製藥草調味香料，得視每年各原料的產量與價格而定，有些成分甚至得付出高價從外地購得，例如自阿納姆、科隆或安特衛普等地採買。但每位藥草調味香料所有人，或向其取得使用權的人，都會堅守某些固定不變的配方，形同「署名」，而調製所需的植物，多半是在當地採集。這種採用地區性產物的作法，在經由法律強制規定後，更讓藥草調味香料具備了三種重要功能：

1. 帶來稅收，並能調控當地啤酒的生產。因為藥草調味香料保存不易，釀酒師通常只能每日或每週少量購買，如此一來，便會有更清楚的概念，知道自己何時要釀多少啤酒，可調整近期內的穀物採購。

2. 「規格化」後的藥草調味香料提高了消費者的食用安全，因為只有通過檢驗、並符合國家所制定的混合份量才能加入啤酒中。而且，藥草調味香料通常混合麥芽販售，所以也確保每家釀酒坊所釀的酒中含有足夠麥芽成分。如此，作為糧食用的啤酒，其濃度才能符合眾人需求。

3. 因為藥草調味香料的關係，每種啤酒都有鮮明的標誌，還可按照生產者與年分歸類。這等於先把「黑心釀酒坊」排除在外，而且也較易辨識何者為進口啤酒。所以，藥草調味香料的配方是各家廠商的最高機密，便一點也不奇怪了。

藥草調味香料通常在專門的調製坊裡製作，一座城裡多半有一所或數所這種工坊。所需工具包括乾燥設備、可懸於爐火上的大型鍋具，另外還需木製雙耳盆或桶子、各種大小的量杯、大型研缽、螺紋榨汁機、濾網、繩索、長柄勺與麥芽漿攪拌鏟。至於那些用於調製藥草調味香料的植物性添加物，到底是不是在乾燥並經研磨後才加入混合，則無法完全確定。有些相關書籍的作者認為，藥草調味香料的製作已基本完成了釀酒的第一步驟，所產出的是一種麥芽萃取物。而藥草調味香料的另一個名稱Fermentum，也透露了混合物裡可能已含有酵母的訊息。其實，若說各種混合物中可能都已添加適合的酵母並不難理解，因為每款藥草調味香料各含有不同的抑菌植物萃取成分。新的研究結果顯示，內含楊梅、杜香與歐蓍草的藥草調味香料，與今日仍慣用的科隆啤酒酵母特別搭配。科隆原本就是藥草調味香料的愛用大戶之一，因此比起別的地方，此地採用這種釀酒法的歷史更為悠久。

一般如愛爾這種藥草調味香料啤酒，都會釀得很濃，所採用的穀物

種類與確切使用量也是千變萬化。科隆市議會紀錄上，曾將淡啤酒與雙倍濃度、口感厚重的啤酒並列，該啤酒每100公升含有35公斤的麥芽，與今日每100公升啤酒含17公升麥芽的比例相比，真是營養豐富。

　　每種藥草調味啤酒都有獨特的風格，不過口味一律偏甜。中世紀的啤酒，除了固有的藥草啤酒盛行區域外，其他地區的啤酒差別並不大，但還是擁有地方特色。例如把大量鹽巴加入啤酒裡的明登6，15公斤的麥芽要配上2公斤的鹽。除了添加物之外，差異甚大的水質及當地特有的微生態，讓中世紀的啤酒種類顯得百花齊放。

忽布花啤酒普及歐洲

　　儘管藥草啤酒含有殺菌成分且汁液濃厚，但保存期限還是無法太長，至西元14～15世紀時更加明顯，終於不敵忽布花啤酒而敗下陣來。忽布花啤酒的成本低廉許多，且與藥草啤酒所需成分最大的不同是，忽布花到處都可種植。此外，忽布花啤酒容易保存，生產過程較能標準化，酒精濃度也比較高。不過奇怪的是，雖然優點這麼多，忽布花啤酒卻花了500年才普及。這最後的勝利，想必跟啤酒需求大幅上升有關。至此，啤酒已成為國民飲料，新技術讓釀酒坊的產量達到新高，這一切，或許只有忽布花能配合完成。

　　此外，還有一個可能的理由，西元11世紀的女哲學家、神學家與

自然科學家赫德佳‧馮‧賓根（Hildergard von Bingen，西元1098～1179年）早有所認知，在著作《自然界》（*Physica*）第3章中寫到梣樹葉的療效：「如果你想用燕麥釀啤酒，就別加忽布花，而是將整鍋麥汁加入藥草調味香料烹煮後，再添加大量的梣樹葉。這啤酒喝了能清腸胃，並讓胸腔舒爽。」這段話讓許多對相關題材了解程度不一的撰文者產生了誤解，以為赫德佳不鼓勵在啤酒中添加忽布花，而是偏愛梣樹葉。但再讀仔細一點，若要採用燕麥——赫德佳所處時代最主要的穀物——來釀啤酒，就得捨棄忽布花，改以藥草調味香料與梣樹葉（此物在凱爾特時代就常被拿來做治療與防腐）製作。而關於以其他穀類釀製的啤酒，這裡卻隻字未提。至於忽布花與燕麥為何不搭，可能的原因是，燕麥含有的高脂肪已為啤酒帶入苦味，而且口感比忽布花的苦味更鮮明。或許因為如此，一百年前就有來自瑞典的建議，認為燕麥啤酒所添加的忽布花份量，應比其他啤酒少2/3。

　　還有一個發現，忽布花大舉進軍之際，正好是大麥成為啤酒釀製主要穀物之時。西元14世紀上半葉，大麥交易明顯增加，易北河岸與馬格堡之間的買賣可為證。那時，布萊梅[7]的釀酒坊一馬當先，以先鋒之

---

❻ 明登（Minden）：位於德國北萊茵邦的城市。
❼ 布萊梅（Bremen）：德國第二大港口城，位於德國西北部。

姿經海運輸出忽布花啤酒，卻反而失去了位於漢堡的市場，探究原因，他們認為一切都是燕麥的錯。西元1307年，布萊梅的城市編年史上這麼寫著：「因為布萊梅的啤酒大量仰賴海運出口，那時期大家所知道的就只有這種酒。後來漢堡與威斯馬派人來提領啤酒時，布萊梅人應在監管單位前擋一擋，倘若那時沒讓燕麥啤酒就這樣以桶裝賣出，那些啤酒也不會變質。」這段話點出了燕麥啤酒暗藏的腐臭衰敗氣味。恰巧的是，有些城市便在此時首度規定以大麥作為啤酒釀製原料，如西元1305年紐倫堡所實施的命令，除了大麥外，該城甚至連其餘的穀物芽都明確禁止進口。而科隆議會也通過了，只准使用大麥芽來釀製「紅色的」忽布花啤酒。西元1315年，班堡主教宣布，從今以後，城裡販賣或出口用的啤酒，一律只准用大麥芽與斯佩爾特小麥芽釀造。西元1516年，巴伐利亞地區有關啤酒成分純淨度的法規，也指定忽布花啤酒須以大麥芽釀製。然而時至今日，以燕麥來釀造健康衛生的啤酒已不成問題；況且西元15世紀時，荷蘭就有加了忽布花的「黃色」寇特啤酒（Keutebier），那酒顯然含有燕麥成分，但仍成功地上市。想來忽布花與燕麥的不合，應是燕麥在發芽過程與製麥技術上的問題，或者跟燕麥的品種有關。

　　此外，忽布花能增加飲品的保存度，這是赫德佳也知道的事。「其苦味能有效防止飲料某程度上的腐壞，若將其加入某飲料裡，便能使之保存久些。」這段引言裡所說的腐壞，是指一種微生物的狀態。關於忽

布花的殺菌效果，如今已被證實，只是它的殺菌能力也波及乳酸菌，而乳酸菌亦是啤酒釀製與穩定上不可或缺的要角。因此，若要釀造加了忽布花的啤酒，勢必得改變發酵技術。於是，有關失敗啤酒與各種嚴控添加物的報告一篇篇問世，無數「治癒」酸啤酒的配方也證明了，直到西元19世紀為止，這問題仍未完全解決。據推測，忽布花初被採用之時，除其傘形花朵外，種子、葉子或根部，應該也一併用於釀酒了，如同與它極為接近的大麻般。各家藥草書籍作者，如雅可布·塔布涅蒙它努斯（Jocob Tabernaemontanus，西元1522～1590年）所述，除了花朵外，忽布花的葉子/落葉、根部、種子、忽布花糖漿或汁液，都是可能被拿來應用的部位與形式。西元1668年時，紐倫堡行政管理委員會還出面指控，忽布花裡竟然被混雜了「洋蔥、忽布花藤蔓與柳枝」。

最後一個使添加忽布花的啤酒逐漸普及的原因，是來自藥草調味香料擁有者的阻力。這些擁有者就是公爵們、各城邦與一些私人商家，他們從販賣藥草調味香料上賺了不少錢，所以想方設法禁止忽布花啤酒的存在，但最後還是全面潰敗，原來的藥草調味香料稅捐也逐漸被麥芽或忽布花取代。雖然如此，某些地方，例如特可倫堡（Tecklenburg）、歐斯納布呂克（Osnabrück）與歐登堡（Oldenburg），及至西元18世紀都仍保有藥草啤酒的釀造，直到西元1725年，權威當局下了嚴格禁令後，才強迫終結了藥草啤酒的存在。這期間，藥草啤酒不時被寫入詩文中，

聲稱喝多了會讓人眼盲、甚至死亡，不過這些都是無稽之談。

　　從赫德佳‧馮‧賓根到雅可布‧塔布涅蒙它努斯的一干相關作者證明了，藥草啤酒如同愛爾啤酒般，都是健康衛生、無害又讓人心情愉悅的飲料。看來，應該是經濟方面的強制手段——以經濟又實惠的啤酒滿足陡升的需求——而非群眾的口味，讓忽布花啤酒取得了勝利。

有群眾就有顧客——漢薩同盟帶動啤酒貿易

率先出口的船舶啤酒

　　隨著呂貝克建城（西元1158～1159年左右），以及其後聯盟城市里加（Riga，西元1201年）、羅斯托克（Rostock，西元1218年）、威斯馬（Wismar，西元1228年）、施特拉爾松德（Stralsund，西元1234年）與但澤（Danzig，西元1238年）的相繼建立，這些城市的商人依呂貝克城的法律規定，一手掌握了波羅的海區域的貿易，並與英格蘭及荷蘭-法蘭德斯地區的外貿網絡形成連結。這個原本由商業公會所串聯的多元貿易網，爾後便成為城市間的聯盟，史稱漢薩同盟。該同盟的強項，在於經由海上貿易掌控木材與生活必需品的交易，並且因具備各種新式船隻

與柯克船[8]，而擁有海上的優勢。其中，啤酒也占了非常重要的份量。

漢薩同盟貿易觸角從大諾夫哥羅德（Nowgorod）延伸至倫敦，也自哈勒（Halle）擴展至冰島。威希河、萊茵河與易北河，特別是北海與波羅的海，都是漢薩同盟主要的貨物流通管道。除了可觀的內陸航道船隊外，在鼎盛時期，這些漢薩城市在北海與波羅的海地區還曾擁有近1000艘船的船隊，總載運量可達6萬公噸。其中，有種專為航海旅程所釀造、且加了忽布花的「船舶啤酒」（Schiffsbiere），應是營養豐富又利於保存的。而且這種啤酒不僅可在船隻的屬地港口購得，也能在航程途中的其他停泊港口添購。比方說，挪威與冰島的船隻，可能就會從漢堡帶回呂訥堡（Lüneburg）與呂貝克紅啤酒。因此，船舶啤酒便成為一種交易商品。

海洋啤酒開拓市場

而比船舶啤酒還重要的，則是海洋啤酒（Seebier），這種啤酒基本上就是為了出口而釀製的。布萊梅城是出口忽布花啤酒的先鋒，於西元13世紀與14世紀初，在荷蘭與法蘭德斯地區開啟了蓬勃的市場。每

---

❽ 柯克船（Kogge）：大航海時代裡，北歐最發達的船舶，以類似屋瓦疊法的搭接式技術造成，構造堅固。

艘布萊梅的商船都會配備船舶啤酒，當時所備的是斯馬班德特牌啤酒（Schmalbandt-Bier），顯然地，他們的第一個顧客對這種廉價啤酒的品質已感到滿意。之後，布萊梅人才又釀造出一種出口專用、以深色麥芽釀成的紅啤酒。荷蘭公爵弗羅利斯·V.（Floris V.），於西元1274年對哈勒姆（Haarlem）課徵消費稅的紀錄卷軸上註明了，每消費1歐姆（Ohm，當時的容積單位，約170公升）布萊梅啤酒，便隨酒徵收4分尼（Pfennig）的稅，這表示，布萊梅啤酒已在荷蘭擁有了市場。

不久，漢堡商人也在荷蘭供應與布萊梅啤酒類似的酒。在漢堡最古老的船舶相關法律中，就已提到作為出口商品的啤酒，以及西元1296年間在荷蘭弗里斯蘭（Friesland）地區的城市啤酒關稅紛爭，這證明了，除了布萊梅啤酒外，漢堡啤酒也在荷蘭生根落戶。西元1307年，在各城交相傾軋的混亂中，發生了上文提及的布萊梅啤酒品質低落事件，同時，布萊梅的釀酒師也開始移居漢堡。但沒想到的是，布萊梅啤酒最後竟然完全從市場上消失。後來，漢堡地區經由設立在荷蘭阿姆斯特丹與弗里斯蘭地區斯塔弗倫（Stavoren）的公司，出口了大量啤酒，成為市場的主力。西元14世紀下半葉，漢堡地區的啤酒年產量絕對已超過2千萬公升（其中500萬公升用於出口），讓該城被冠上「漢薩同盟釀酒廠」之名。這時期漢堡的經濟實力，絕大部分與啤酒出口緊密相關。到了西元1375年，原產「紅色」燕麥啤酒的漢堡地區改產「白色」小麥啤

酒後，許多工商業者更紛紛加入行列。全部1075個業者中，至少就有457
人從事啤酒釀造相關行業，其中126家專門出口啤酒至阿姆斯特丹，55
家出口至斯塔弗倫。

　　除了漢堡之外，濱臨波羅的海的城市也成為生產啤酒的重鎮，其
中以呂貝克與威斯馬為主。輸往斯堪地納維亞地區，尤其是運往挪威
的啤酒，西元12、13世紀時，便以呂貝克啤酒出口。西元14世紀時，
威斯馬、羅斯托克與施特拉爾松德所產的啤酒合稱為「東部啤酒」
（Ostersches Bier），但澤與艾爾布隆格（Elbing）所產出的佳釀，則稱
「普魯士啤酒」（Preußisches Bier），這兩種啤酒包辦了波羅的海區域
的對外貿易量。其中東部啤酒還賣到介於荷蘭地區[9]與法蘭德斯地區的
北海沿岸區域。此外，上述產品都還是紅啤酒。

　　這些沿海城市的啤酒釀造產業，在巔峰時期，每年可達上千萬公升
的產量，而這需要足夠的產能與大量高品質原料的配合。但澤與漢堡可
說直接坐擁這些資源，因為維斯瓦河與易北河跨國運來了大量穀物；加
上兩個城市都實施「堆棧權」（Stapelrecht）制度，可對每艘到港船隻
提出需求，規定他們得先把貨物堆棧在市府所屬交易廣場陳列待售。由
此可見，漢堡能在中世紀晚期成為全歐洲最大的穀物集散中心之一，並

---

❾ 荷蘭地區（Holland）：此指荷蘭王國西部的地區與省分，並非荷蘭全境。

非沒有原因。此外，漢堡與但澤，以及威斯馬、羅斯托克與施特拉爾松德，皆擁有能生產穀物的廣大腹地。另外，忽布花的產出也很可觀，易北河將波西米亞、薩克森與馬德堡的忽布花運至漢堡，而漢堡近郊地區也有充足的忽布花可提供。於是，漢堡亦成為歐洲大陸最重要的忽布花市場。至於波羅的海沿岸城市，則可仰賴周邊鄉村的忽布花種植園，及梅克倫堡（Mecklenburg）與波美拉尼亞（Pommern）地區的供應。

糧食相關產品向來是漢薩同盟商號間的交易重點。其中首推鹽漬鯡魚及挪威魚乾，這兩者不僅是重要的蛋白質來源，更是眾人身處大齋期[10]最富含碳水化合物的營養品，在中世紀晚期的重要性自然不可言喻。其次則是穀物與其加工產品──麵粉、麥芽與啤酒。對斯堪地納維亞區域的國家來說，輸入這些產品是為了生活所需，但人口稠密的法蘭德斯與荷蘭地區，也對之仰賴極深。由於麥芽是加工產品，可賣得較好價錢，且抗腐壞能力也比穀物好，所以與啤酒並列為當時最受歡迎的交易產品。羅斯托克與施特拉爾松德兩地甚至為了做出口生意，而專門從事麥芽的製作。

庶民必備的家用啤酒

除了上述的船舶啤酒與出口啤酒外，還有第三種類別，即各城與周遭居民自用的啤酒。當時犯罪者所接受的最嚴厲懲罰，就是只可食用麵

包與水，這表示，那時的飲食中若沒有啤酒，不僅讓人感到寒傖刻苦，甚至還會危及生命。中世紀晚期的德國北部地區，因此發展出一套獨特的飲食文化，其內容與德國南部及斯堪地納維亞地區大不同，最主要的入菜食材就是啤酒。對他們來說，啤酒不只是隨處暢飲的飲料，更能以「啤酒麵包」（Bierbroten，一種以黑麵包製成的啤酒粥，在啤酒沸騰時將麵包壓碎加入，並使之浸漬入味）與「啤酒湯」（Biersuppen）的形式呈現，這些都是他們的家常菜色。

此外，他們每日飲用的，則是酒精含量極低的淡啤酒。這酒有許多不同的名稱，例如修道院淡啤酒（Kofent，從Kovent一字而來，中世紀修道院裡非修士的服事弟兄都喝這種淡啤酒，修道士所飲用的啤酒相較之下比較濃醇）、再製啤酒（Nachbier/Afterbier，基本上是修道院淡啤酒與一般啤酒的混合飲料）、清麥汁（Glattwasser）、鍋爐啤酒（Kesselbier）或家用啤酒（Tafel-/Hausbier）等，但同樣都是指這種啤酒。而在「優質」的出口啤酒與「次級」啤酒之間，有很明確的區別。次級啤酒多是供一般平民日常飲用，或是專為僕役人員、士兵或貧苦人家所製。因此，各地主管機關向來有從源頭管起的禁令，禁止業者混合優質與劣質啤酒，違者罰款，但實際上的違法事例並不少見。以今日眼光來看，

---

❿ 大齋期：是基督教年曆的節期，共40天，從大齋首日開始，結束於復活節前日。

此事除了是種詐欺行為外，其實那時的人們只是想以高一點的原麥汁含量，來博取那不成比例但不可或缺的啤酒香氣。比起未經調整的普通啤酒，濃淡混合後，據信會使「普通」原麥汁含量的啤酒發出更讓人喜愛的香味。一般的市井小民只有在節慶時才將濃醇啤酒奉上餐桌。

即便如此，直到西元17世紀晚期，那種淡啤酒的卡路里含量仍非常可觀。根據統計，每位居民平均日飲0.8～2公升的啤酒，但想來也不奇怪，他們的飲食內容口味重，如魚乾、鹽漬鯡魚或醃肉都鹹得很。另外，啤酒與日俱增的重要性，也反映在飲用容器備受重視並賦予其藝術品味上，科隆–席格堡（Siegburg）地區的陶器與錫製「漢薩酒壺」，都是這種景況的體現。

啤酒貿易的興盛與衰微

中世紀時，漢薩同盟城市的啤酒產量，是內陸地區的啤酒釀製中心望塵莫及的。無論是原料的採購儲備或產品輸出，內陸地區都只能經由陸路完成，發展自然大受限制。試想，當漢薩船隊每日以約25～60公里遠的航行速度運送出90公噸穀物或10萬公升啤酒時，陸上車輛每日只能行走15～25公里，而且至多僅能載送約1000公升的啤酒。因此，陸路運輸每行進100公里，啤酒價格就會調漲35～70%。當然，若以木筏或內陸河航運船隻來運送會比較便宜，但即使在下行時，內陸船的速度也

遠不及航海船隻。因此，內陸城市所經營的多為小型市場，但這種市場形式風險極大，競爭者非常多又比鄰設立，若遇上穀物歉收就更為不妙。也因為如此，內陸城市所釀的啤酒便以供給當地市民所需為優先。不過，也有某些城市在自給自足之餘，還會釀些品質極優良的啤酒跨地域販售，但這種啤酒索價非常高。屬於這種「奢華啤酒」之列的，計有希維德尼察清啤酒（Schweidnitzer Märzenbier）、布雷斯勞修普斯啤酒（Breslauer Schöps）、布倫瑞克穆莫啤酒（Braunschweiger Mumme）與埃因貝克啤酒（Einbecker Bier）。

在西利西亞地區[11]，肥沃土壤使穀物的收穫豐碩，因此該區在西元13世紀時，無論在製麥或啤酒釀造方面，都能大規模生產。在那條起源於俄羅斯，經由克拉科夫，然後通往萊比錫與馬格堡的遠程交易鍊上，西利西亞地區的城市一直是重要的樞紐，屬於這跨國貨物流通網的一部分。因此，希維德尼察清啤酒與布雷斯勞修普斯啤酒，便順理成章被定位為出口指定啤酒。希維德尼察清啤酒是由非常甜且顏色深的大麥芽釀成，而布雷斯勞修普斯啤酒則是小麥啤酒。另外，因為天然條件完全不同，布倫瑞克穆莫啤酒是一種深色且非常濃烈、並加了忽布花的大麥啤酒，為了增添額外的香氣，還加入刺柏屬果實、雲杉芽作為調味之用。

---

❶ 西利西亞地區（Schlesien）：中歐的歷史地域，大部分地區在今日的波蘭。

這種穆莫啤酒保存起來異常持久，雖然那口味讓人頗須一番適應，但自西元15世紀起，仍被各國視為充當船舶啤酒的至寶。至於銷售到內陸地區的啤酒，則屬埃因貝克啤酒最知名，西元15世紀初始以降，這種啤酒就沿著漢薩交易之路大量輸出。

綜觀上述能在西元14～17世紀間跨地域廣為販售的啤酒，可為其歸納出五個共通的特點：

1. 它們都是各城的產品，且對該城具有重大的經濟意義。

2. 這些出口啤酒的釀酒廠，業主大多是商人，而非技術人員。漢薩同盟城市的啤酒商得是某棟房子的所有人，如此才能擁有釀酒權，可聘請專業人員從事釀酒。這些專業人員被稱為「長柄勺釀酒師」（Schopenbrauer/Schupenbrauer），名稱是從釀酒專用的攪拌長柄勺而來，一般稱那勺子為Schupe、Schuffe或Schope。

3. 那時期的出口啤酒，真是品質上乘的大宗商品，消費者須付出比當地啤酒多上2～4倍的代價才買得起。而這些啤酒的市場價值，大多取決於穩定的高品質及其正面口碑。自活版印刷問世以來，大家還興起一種念頭，想在著名專業人士如海涅希‧科瑙斯[12]（西元1520～1580年）、約翰尼斯‧普拉可托姆斯[13]（西元1514～1577年）與馬丁‧梭庫斯[14]（西元1614～1669年）的著作中，找到自家啤酒獲得認可的證明。

　　此外，經由相同銷售系統行銷的眾多出口啤酒，都得各自具有獨特的賣點才行。大多數時，深色的大麥啤酒與淺色的小麥啤酒還可同時並存，但若是同類啤酒，例如把布萊梅與漢堡的紅啤酒放在一起賣，不久之後，其中一種就會被市場淘汰。

　　4.這些啤酒的生產過程都被嚴格規範監管，因為出口啤酒事關一個城市的收益與眾人的就業機會。但另一方面也得注意，出口啤酒釀造廠所需的原料，不能危及市民日常飲食的穀物供應。因此，出口啤酒釀造廠的數量是有限制的。為了確保品質，以及降低因釀製失敗而損失的穀物量，各城進而對釀酒期、每次釀造所需原料數量與釀酒技術做了詳細的規定。自此，啤酒的成分與品質不僅被嚴格監控，若有違反，還會被嚴厲懲罰。

　　5.啤酒貿易市場之所以會這麼熱絡，並不是因為哪款特定啤酒的魅力，而是因整體需求量大增所致，所以此時的交易重點是賣出了什麼啤酒。如果本地啤酒乏人問津，布萊梅的船長就會想辦法運來布倫瑞克穆莫啤酒，即使得翻山越嶺經由策勒（Celle），再改走水路沿阿勒爾河（Aller）與威悉河抵達布萊梅也在所不惜。另外，此處的啤酒交易也與

⑫海涅希・科瑙斯（Heinrich Knaust）：德國劇作家、宗教學家、教育學者。
⑬約翰尼斯・普拉可托姆斯（Johannes Placotomus）：德國醫學家、教育學家。
⑭馬丁・梭庫斯（Martin Schoockius）：荷蘭語言學家、歷史學家、哲學家。

漢薩同盟不一樣，並非全部掌握在某個特定商業聯盟手中，即使本地啤酒商已山頭林立，仍是有紐倫堡或埃爾弗特商人前來分一杯羹的餘地。

　　然而，這種對於優質啤酒的需求，卻是因為忽布花啤酒給人的新鮮感，以及相關的釀造技術還未普及的關係。日後，一旦忽布花啤酒釀造技術成為普遍的知識，配方與設備也隨處可得時，它便會失去作為跨區域交易商品的價值。在這種狀況下，首當其衝的就是漢薩同盟城市。荷蘭人拜新式船型與資本來源大為改善之賜，西元15世紀時不僅在鯡魚相關漁業上大有斬獲，也取代了漢薩同盟在北海與波羅的海的貿易地位。而且，他們也學會了釀造忽布花啤酒，並以「歐洲貨運人」品牌在北海與波羅的海周遭地區銷售。有段時間，在德國北萊茵邦，荷蘭的「黃色」寇特啤酒（Keutebier）甚至成為暢銷酒款。
　　漢薩同盟城市的啤酒產量衰退情勢來得凶猛無情，讓人難以接受，因此，威斯馬城還祭出禁令，禁止任何釀酒處所的拆除。但大漢薩生活圈裡的釀酒廠還是紛紛關閉，僅留下一些手工技術導向的啤酒商供應當地所需。就這樣，啤酒在此喪失了作為貿易商品的優勢，只能待來日的巴伐利亞拉格啤酒（Lagerbier，又稱窖藏啤酒）重新取回霸主地位。

迎向釀酒新世紀

—— 技術與人力的革新

巨變的開端

　　西元1522年9月6日，長約20公尺、載有18名人員的克拉克帆船維多利亞號在安達魯西亞的港口桑盧卡靠岸，這艘船，是史上第一艘完成環球航行的船隻。同一年，馬丁‧路德將新約聖經翻譯成德文出版，鄂圖曼土耳其蘇里曼大帝攻下羅德島聖若望城堡，成為十字軍東征的最後見證人；而宗教改革後的教會，也在這年以食用香腸行動[1]，首度躍上世界發言舞臺。西元16世紀起，世界開始以該時代人士無法理解的速度改變，社會不斷轉型，直到今日仍在持續。

　　美洲新大陸的發現，使得眾多金銀橫跨大西洋滾滾而來，而歐洲本土銀、銅礦的挖掘，也因採礦技術的改良而產量大增。此外，信貸的取得較過往經濟實惠，金屬礦產的使用日益增多，無論是銅版畫或銅製鍋爐、銅製平底鍋的普及，都反映了當時的景況。然而，與此同時，通貨膨脹率不斷攀升，釀酒原料也越來越昂貴，但大眾所得實質工資及官方規定的啤酒價格，卻沒有跟著做調整。

　　這一切，對啤酒釀造業造成了深遠影響，以下可從四大面向來了解

---

[1] 食用香腸行動（Wurstessen）：發生於西元1522年3月9日，瑞士印刷商Christoph Froschauer與員工在天主教大齋期第一個星期日食用香腸，以示對傳統齋戒習俗的抗議。

其發展，之間是息息相關的。

1. 新式釀酒技術的全面普及。

2. 國家在經濟方面對啤酒產品的干涉日深，並經由課稅、制定啤酒價格與產量的方式達成。

3. 飲用啤酒者的形象被妖魔化及其相關反應。

4. 啤酒釀製專業化。

新式的釀酒技術

以顏色區分啤酒種類

外地人若於西元16世紀末漫步於紐倫堡自由城的街道上，一定會發現，有些建築飾有銀色或紅色的六角星星；以六芒星作為釀酒坊的標誌，在當時已有150年的歷史。最早的圖像紀錄，應是西元1425年孟德爾十二兄弟基金會戶口簿[2] 第一卷中所繪的紐倫堡城市釀酒師傅海爾特‧匹爾普（Herttel Pyrprew，即海爾特釀酒人的意思）。有趣的是，幾乎在同一時期，也就是西元14世紀下半葉，六芒星不但成為啤酒釀造坊的標

誌，也在法蘭克-波西米亞-上法爾茲區當作大衛星[3] 使用。而作為釀酒坊所在標誌（釀製佐格Zoigl啤酒[4]）的意思，則在上法蘭克與上法爾茲區通行至今。

　　傳統的紐倫堡啤酒是種紅啤酒，販賣此酒的店家便會掛上一個紅色星星來表示。西元1531年，紐倫堡議會批准地圖製作者彼得‧佩雷蒙（Peter Preymund）釀製「尼德蘭式」（Niederländisch）啤酒，自此，白啤酒釀酒坊開張，販賣這種啤酒的店家也得掛上白星星以示分辨。所謂的白啤酒，直到西元18世紀為止，泛指一般的淺色啤酒。至於純粹的小麥啤酒，到西元1634年，紐倫堡人才有能力自行釀造。雖然小麥啤酒通常是淺色的，但並非泛指一切；紐倫堡小麥啤酒就是深棕色的。

　　儘管如此，「黑啤酒」、「紅啤酒」以及「白啤酒」，這樣的分類還是很普遍。那時的人們已知道，西元1374年代的漢堡外銷啤酒，顏色明顯比傳統偏紅啤酒淺得多。西元1471年，昆姆（Kulm）地區的卷宗上，便有「黑啤酒」與「白啤酒」的類別；布雷斯勞區也有分黑色與白色修普斯啤酒。至於紐倫堡的紅啤酒，則是一種加了很多忽布花、自西

❷ 孟德爾十二兄弟基金會戶口簿（Hausbücher der Mendelsche Zwölfbrüderstiftung）：共5卷，收錄了西元1425～1806年在此基金會支持下安養晚年的各種手工業者圖像與文字紀錄。

❸ 大衛星（Davidstern）：猶太文化和猶太教的標誌。

❹ 佐格Zoigl啤酒：上法蘭克與上法爾茲區特有的底層發酵啤酒，多由地區性釀酒坊製好麥芽，再由各店家領回釀出自有口味。

元14世紀起就以底層發酵法釀製的棕色啤酒，而淺色白啤酒與其最大的差別，便是忽布花的添加量較少，並以頂層發酵法釀造。但以上兩者都是以大麥芽釀成，直到西元17世紀，紐倫堡白啤酒裡才添加了小麥芽。

　　整體來說，啤酒之所以會有不同的顏色，是因其使用了深色的「烘乾麥芽」或淺色的「風乾麥芽」來釀造。雖然如此，被封為淺色啤酒釀製專家的荷蘭人，用的可是烘乾過的麥芽。麥芽顏色會對啤酒色澤產生極大影響是毫無疑問的，但最後究竟會產出「紅啤酒」或「白啤酒」，關鍵卻在於釀造的技術。

烹煮方式決定風味

　　西元14世紀晚期～16世紀中期，啤酒釀造技術有了全面性的改變，而這一切，則從製麥開始。風乾麥芽的作法，是把麥芽鋪成薄薄一層，讓其乾燥（乾枯），說起來只能算是半成品。先進行1～3天的風乾程序，可避免濕漉漉的綠麥芽直接被放入烘乾器裡。若是私家釀製，或沒有烘乾設備的小型釀酒坊，以及天候適宜的區域，可只使用風乾麥芽；製作時，得把麥芽鋪在廣大的面積上，並在數星期內經常翻動以助其乾燥。若能讓綠麥芽的濕度達到14%以下，便能像烘乾麥芽那樣儲存起來。至於烘乾設備，自西元15世紀起便有各種不同的設計，有在開放式火爐上直接設烤架或柳條編織物來烘烤的，也有將熱氣經由管子傳送，

不直接接觸麥芽的。而這樣烘乾後的麥芽，都會帶有明顯的煙燻味。

中世紀時期的慣常做法，是將鍋爐直接架在開放式火爐上製作麥芽漿，加熱至70～80℃，就能調製出適用的麥芽汁，這種做法還能將寶貴的植物成分保留在啤酒中。直到中世紀晚期銅礦價格變得可親前，大家別無選擇，只能使用鐵製鍋爐，既不節能，品質又待加強；西元14世紀起，銅製鍋爐才成為標準配備。為了能以合理的市場價格滿足忽布花啤酒日益增高的需求，西元15世紀之後，釀酒鍋爐容量節節升高，以往因容量不夠，釀酒量與產出量屢被限制的窘況不再。那時供內需市場用的鍋爐，一般容量約600～1200公升，但在外銷取向的漢薩城市，麥汁容器的大小可達數千公升。另外，為求平穩與能源的有效利用，會把銅鍋固定嵌接在火爐上。即使只為某段時期的使用而向市府租借銅鍋，也會特地為其在屋子的過道築起基座，等釀酒過程結束後再拆除。

不過，西元16世紀初，這種大腹便便式的鍋爐還是走入了歷史，「鍋爐啤酒」從此成為私家釀造的同義詞，尤其是指貧民階級使用未經發芽的摻合物與穀糠所釀的酒。西元17世紀初，麻薩諸塞灣公司還建議即將移民至美國的人，別忘了攜帶銅製鍋爐，以便釀造啤酒。這時所謂的鍋爐，對釀酒業者來說，已經變成一種釀酒用的平底鑊。這種扁平長方的容器有個鐵製底座，或者會直接鑲嵌在火爐上，而且拜所占面積大之賜，能源利用效果較為理想。從大鍋轉換為平底鑊的景象，如今仍可

在紐倫堡手工藝人戶口簿中觀察到，直到西元15世紀前1/3時期為止，紀錄冊中所繪的工作圖裡，釀酒師都是身處鍋爐旁，越往後，畫面上就只剩下釀酒師傅與攪拌勺。

　　隨著銅製容器越做越大，烹煮與糖化的過程勢必也得用兩鍋分開進行。首先，用大鍋或平底鑊將水加熱，然後逐次舀入木製糖化桶裡，與搗碎的麥芽一起攪拌。然後，通常會將已完成的麥芽漿靜置一會兒，讓粗顆粒內含物沉積下來。另外，也會使用雙層鍋底，或在底部鋪一層麥稈分離殘渣。至於過濾麥芽漿或啤酒這個步驟，那時雖沒有人在做，但把麥芽漿連同殘渣與忽布花一起進行烹煮的做法還是很少見，通常是把全部或部分麥汁再度注入平底鑊中，並加入忽布花。

　　雖然忽布花的份量與品質會左右啤酒的色澤、口味與保存期限，但其烹煮方式的影響更大，為了濃縮麥汁，一般須熬煮2～4小時左右，也有得煮上20～30小時的狀況。忽布花經煮沸後所產生的異 α 酸，不僅會為啤酒帶來苦味，且能避免酒色變紅。

　　還有另一種做法，是先將忽布花加水烹煮，再倒入已濾淨的麥汁。由於其具備殺菌功能，這種忽布花水在製麥階段也作為軟化穀物之用。因此，眾人認為，偶爾會出現的怪味，應是慣用的釀製法中，所取用的乾燥麥芽未經殺菌所致。

　　在英國及其他地方，還使用忽布花袋，就是以小袋子裝滿忽布花與

想添加的調味品，掛在正發酵或儲存的啤酒裡。直到今天，英國人仍習慣挑選已授粉的忽布花來釀酒（德國則恰好相反，所用的多為尚未授粉的忽布花傘狀花序）。最新研究顯示，這種「啤酒花冷泡工法」，能讓酶釋放大量與糖分結合的啤酒花香精，使啤酒的苦味減少，增添更豐富的風味與香氣。

底層發酵的改革

此時期的另外一項改革，則是發酵方法。儘管中世紀人們知道酵母與發酵之間的關聯，但若要有計畫地繁殖酵母來「調控」麥汁，卻仍不普遍。加了忽布花的啤酒經過長時間烹煮後，麥汁裡的微生物被殺盡，且忽布花的成分會使大量乳酸菌無法再增殖。因此，即使在發酵環境中生出的乳酸菌進入麥汁，也不會引起酸敗。此外，在發酵過程中，酵母本身會使麥汁的pH值降到4.2～4.4之間，若同時有乳酸菌存在，則降到3.8以下，這些都會影響啤酒的顏色與穩定性。所以，經殺菌後的麥汁須注入大量酵母，以阻止有害啤酒的微生物繁殖。

接下來的革新，則是底層發酵。巴伐利亞地區以及哈布斯堡王朝的主要發源地[5]，直到西元1500年為止，都以葡萄酒王國自居。西元16世

❺ 哈布斯堡（Habsburg）王朝的主要發源地：以今日的法國亞爾薩斯區與瑞士為主。

紀初，約翰尼斯‧阿汶堤努斯[6]（西元1477～1534年）還為文描述，稱巴伐利亞是個男人從早到晚與葡萄酒為伍的民族。這種「巴伐利亞葡萄酒」是修道士、士兵與公職人員每天的額外補給，有時為了改良品質，還會添加忽布花、茴香與酒石酸氫鉀[7]來調味。西元14、15世紀時，偶爾會因農作歉收而下達啤酒禁釀令，但施行起來卻沒有什麼困難，因為這個禁令對一般百姓的日常飲用習慣來說，並不會造成太大的影響。一直到西元16世紀初，忽布花啤酒的迅速崛起才讓葡萄酒瞠乎其後，並在當地傳統的頂層發酵啤酒之外，又加入底層發酵法來釀造啤酒。

　　至於底層發酵到底是在何時、何地，以及為何開始的，各種說法莫衷一是，因為當時慣用的專有名詞非常混亂，就算有參考資料也讓人覺得很含糊，不僅得把那時的釀酒用語跟現存新式工法定義相比對，還得從比對結果整理出讓人能懂的解釋。例如，大家很愛區分的「夏季啤酒」與「冬季啤酒」，其實通常與製麥及釀造多限定於較寒冷季節有關，但這種分法卻不一定只限於底層發酵啤酒，某些屬於頂層發酵的啤酒也如此分類。但無論是底層或頂層發酵，兩者都須備有酵母職工（Hefner），即在釀酒休工階段保存與照料酵母的工作人員，他們必須在下次釀酒季展開時，讓這些酵母再度繁殖以使用。另外，即使像「拉格啤酒」（Lagerbier）、「窖藏啤酒」（Kellerbier）這樣明確指向底層發酵釀造法的名詞，也不保證與今日的認知相同。例如，底層發酵的夏

季啤酒的確需要存放的過程，但約翰‧可勒魯斯[8]——據信為提及拉格啤酒的第一人，卻把這種啤酒歸類為頂層發酵啤酒；然而矛盾的是，根據他對所用酵母的描述，其實又非常肯定地指向底層發酵法。

直到西元16世紀為止，這種酵母所用的名詞常Bärme、Geest不分，或許還有Fermentum，以及西元1520年在《恩爾格曼之書》（*Engelmannsbuch*）中所記載的Ghore。但自西元16世紀起，已有了一些明確的區分：慕尼黑地區有時稱酵母為Germ，進入釀酒程序就成為Zeug，若麵包師傅拿來用便叫Hepfen；而威斯馬地區於西元1535年間，則有Gest（頂層酵母）與Underbarme（頂層酵母的一部分，啤酒被抽取出去後留在發酵槽底部）的分類。至於英國愛爾啤酒所使用的酵母，西元1542年時則有Yest、Barm與Goddesgood的區別。在一份慕尼黑釀造規定草案中，西元1551年時已確立了如下事項：「依序加入大麥、優質忽布花與水；欲釀啤酒，還需有酵母來成就好麥汁。而後冷卻，使之進行底層發酵。」由此看來，應是底層發酵釀造法無誤。至於底層發酵啤酒到底是怎麼出現在慕尼黑的？我們可自一封寫於西元1513年、表達慕尼黑啤酒商不滿的申訴信來一窺究竟。「自30年前，若干波西米亞雇工攜

---

❻ 約翰尼斯‧阿汶堤努斯（Johannes Aventinus）：德國歷史學家與宮廷傳史者。

❼ 酒石酸氫鉀（Weinstein）：食品工業稱為塔塔粉，是釀製葡萄酒時生成的副產品。

❽ 約翰‧可勒魯斯（Johann Colerus，西元1566～1639年）：德國基督新教傳教士，撰寫家用工具書。

來波西米亞式底層發酵啤酒後，咱們的生活就天翻地覆起來，眾人實不樂見此狀。」不過，這裡所提的波西米亞底層發酵啤酒，絕對不是那個在西元19世紀自波西米亞地區引進、並廣受歡迎的頂層發酵啤酒。

西元1483年時，也就是這封申訴信出現前30年，來自艾格（Eger）的啤酒釀造師傅雅各博・雷根艾克（Jacob Riegenecker）獲得了慕尼黑的公民權。當時的自由城艾格雖然隸屬波西米亞，但就歷史發展與所處地理位置來說，這城其實位於上法蘭克/上法爾茲區之內。那裡的凜冽氣候，以及無數自古以來作為儲存物資之用的岩石地窖，造就了釀製底層發酵啤酒的最佳先天條件。有意思的是，西元1474年納堡（Nabburg）的釀酒法令明文規定，除了頂層發酵啤酒外，也須採用底層冷發酵工法與儲存方式，如此才能確保夏季時仍有充足的優質啤酒庫存可用；而距艾格城10公里遠的華德薩森修道院，則擁有納堡的領主權。

此外，上法爾茲區成為底層發酵啤酒推廣中繼站之事，克里斯多福・科貝爾（Christoph Kobrer，西元1525～1584年）也以其於西元1581年著述的啤酒釀造書籍為證。此人是卡爾穆茲（Kallmünz）地區的稅吏與鄉村老師，他在書中詳述了三種發酵法，可說是一種創舉：

1. 以頂層發酵法在槽中釀製棕啤酒。
2. 以桶中頂層發酵釀製小麥啤酒。

3. 乾燥或冷式發酵是法爾茲區及其他地方釀製烈啤酒的慣用方式。

前兩種發酵方式，是「依照巴伐利亞地區，並從這兒傳至法爾茲等地區所用」，而此處所指的「法爾茲區」，就是上法爾茲地區。另一個底層發酵啤酒的可能出處，則是紐倫堡，因這裡特有的深邃山區地窖，說不定在西元14世紀初就已被拿來作底層發酵之用。所以，底層發酵法若是自法蘭克與上法爾茲區往南傳播，也不無可能。但無論如何，底層發酵啤酒最初僅盛行於這個山區的南邊，而且並不是因為在其他地區不為人知的關係。西元1698年，科隆的一份釀酒師誓言，便要求每位新進釀酒人「遵循頂層發酵」古法釀造，且「絕不可釀造道爾啤酒（Dollbier），即以底層發酵並添加食後有害之藥草所製成的啤酒」。因此，底層發酵啤酒的流通僅限於巴伐利亞地區達300年之久，直到某日，才如忽布花啤酒於西元14、15世紀大盛的氣勢般，因為消費行為、氣候因素與釀造技術的長足進步，而讓人廣為接受。

成本對釀酒業的影響

不過，要導入此處所稱的新技術，當然關係到可觀的費用，而這也加速了釀酒業的集中化過程。西元15、16世紀時，一般市民的釀酒坊型態確立，並沿用到西元19世紀。由於容易發生火災的緣故，設置於城內

的釀酒坊都得受嚴格防火法規的約束。根據規定，這種房子必須以石塊砌成，而且最理想的狀況是建於船隻可到達的水岸，或位於寬敞的街道上。中世紀晚期的城區交通，多由一條寬大的單行道通往市集廣場，並自那裡行走另一條主要道路離開城區。釀酒坊通常就坐落在這種主要大街上，引人注目的超大門戶方便笨重貨車載運原料或酒桶進出，若借用城市所屬的釀酒大平底鑊時亦暢行無阻。這種設計也方便供應啤酒給往來市集廣場的人們，因此，釀酒坊通常會在一樓設置非常寬敞的走廊，或規劃出各種大小不等的產品展示空間；整棟樓大多分成好幾層，分別作為原料倉庫與讓軟化後的麥穀進行發芽與乾燥之用。在釀酒坊裡設置製麥工房的情況也很普遍，這時便得將烘乾設施備齊，而且坊內多半設有地窖，以便把發酵槽與儲存桶安置在陰涼的空間裡。

在所有的釀酒設備中，最昂貴的投資便屬銅製容器，它的價格可比一幢獨棟住宅，因此在向國家申報固定資產時，得分開評估，但並非每位釀酒師都有能力負擔這個費用。市議會三不五時就針對釀酒產量上限進行激烈爭辯，由此亦可看出小釀酒坊極力想阻止大釀酒廠擴產的心情。但長遠看來，光抗爭也不是辦法，只好想想別種方式。於是，讓市府或教會擁有釀酒容器，釀酒坊再支付費用向其承租的傳統，就這樣被繼續保留了。除此之外，大家也可選擇與地區性釀酒廠合作，這種市立釀酒廠有專屬的釀酒師，可為想釀酒的市民釀造自己的啤酒。這樣做的

好處是，公有機構為所有市民承擔了昂貴的釀酒設備投資費用，各釀酒坊有經驗的工作人員便有機會釀造出符合現時所需的大量啤酒。而與大城市市屬釀酒廠不同的是，這種釀酒廠並不直接供應該城的啤酒所需，而是應市民之託再收費進行生產。在法蘭克、上法蘭茲與圖林根地區，這種釀酒型態甚至一直維持到西元20世紀；某些小城市裡的私人釀酒坊也會承接上述工作。

此外，擁有可靠的水源，也是每座釀酒廠不可或缺的條件，因為釀酒所需的乾淨水量，須達產量的2又1/2倍之多。那時還沒有淨水設備，因此一般流經城市的水是不太適合釀酒的，尤其某些行業，例如染坊或製革業，時常釋出汙染水源與影響水質的物質，如此更不能作為釀酒所需。因此，釀酒坊通常擁有充沛的私家井水，或者像英國或荷蘭那樣，由外地引進水源。有些釀酒廠會自建水管，引取儲存在蓄水設備內的水。西元1294年時，呂貝克地區便已有這種「供水技術」的運作。總之，釀酒用水的相關費用是很可觀的；為何不時會有夏季釀酒禁令，除了上述各種原因外，想必也與夏季水位低，水質不佳有關。

最後，還有一種費用，與其他項目相較之下算是少的，便是燃料費。直到西元19世紀下半葉為止，德國大部分地區的木柴供應都非常充足，但其他歐洲國家卻較為匱乏與昂貴，因此泥炭便成了代替品，仍隨處可見的沼澤地就能挖掘到。西元14世紀，德國韋塞爾（Wesel）地區及

荷蘭調製藥草調味香料時，都已使用泥炭作為燃料；英國則於西元16世紀起，逐漸以煤炭取代木柴進行燃燒。而除了考慮可替代的能源產生方式外，也可經由改善火爐、改變釀酒容器的幾何造型或加上蓋子，使能源更有效地被利用。西元18、19世紀起，改用密閉式麥汁容器的風氣因此逐漸興盛。

政府涉入釀酒業——以稅務與相關法規控制

徵收啤酒稅

西元1266年之際，班堡主教貝特侯德‧馮‧萊尼根（Graf Berthold von Leinigen，西元1285年歿）正大傷腦筋，因班堡市民群起抵抗，不願繳交兩年前開始隨啤酒買賣徵收的「消費稅」（Umgeld）。這種稅在各處有多種不同的名稱，例如Ungelt、Akzise或Aufschlag，都是相同的意思，但無論稱為什麼，許多地方的臣民都不甘願繳納，而這種稅顯然只是宗教或俗世當權者想讓自己荷包飽滿的新式工具之一。

自中世紀盛期起，貨幣經濟再度取代以物易物，實物納貢被取消，改以繳交金錢的方式徵稅。目前所能追溯的最早期相關憑證，應是西元

1141年聖奎邦修道院所獲准徵收的啤酒直接稅，且此處所指並非原有的藥草調味香料使用權費用。這種消費稅原本是一種特別稅，必須經由皇帝或國王親自批准才可推行。Ungelt這個詞的第一次現身，則是在威廉國王於西元1252年頒發給戈斯拉爾城（Goslar）的一張證書上。而班堡地區徵收的消費稅，也同樣是獲得皇帝的恩准。這種稅的徵收期限原本是有嚴格限制的，而且只是為了滿足某些明確項目的需要。儘管原意如此，如雷根斯堡那樣照實施行的仍算是少數，西元1479年，該地因財政吃緊而獲准徵收3年消費稅，但期限一過，就在強大的公眾壓力下廢除徵收。其實大部分地區的情形，都與科隆的狀況類似。西元1212年時，奧圖大帝四世（Kaiser Otto IV.）准許科隆為籌措城牆建築經費徵收啤酒稅，為期3年，可是這稅竟然一直徵收到西元18世紀末為止。除此之外，巴伐利亞公爵於西元1543年獲得皇上特許狀，可為償還土耳其戰爭債而徵收消費稅「啤酒分尼」（Bierpfennig），但這稅目直到西元18世紀都還存在。

總之，西元13、14世紀時，歐洲各國都在積極想辦法徵收各種間接稅，各地主管單位莫不絞盡腦汁弄出各種名目，就為了分啤酒釀造業的一杯羹。除了取得釀酒許可本身的費用外，還有啤酒製造直接稅，海關當然也不會忘記徵收進口啤酒消費稅；另外，相關規定越來越鉅細靡遺，稍微違規就奉上罰金，這些都是可觀的收入。課稅的項目，從原料

（如忽布花、麥芽材料稅），到產品啤酒（鍋爐稅），以及生產過程產物（如粗磨麥芽），還有在酒館喝一杯也課稅。

除此之外，相關業者的收入、資產與土地，當然也是直接課稅的項目。每一國、每一城都會根據自己所處經濟地位和需求，以各種不同的組合來徵稅，而且每種稅制都與當地法規相連結，如此釀酒業才會隨著國家的計畫及需求做調整。況且，直接向製造與販售業者徵稅，對國家來說比較簡單，但被徵稅者可一點辦法都沒有。

純粹釀造法規

這一連串針對啤酒釀造業的國家調節措施，早在西元1156年就由奧古斯堡城法令奠下了根基。有部Iustitia Civitas Augustensis便是由紅鬍子大帝[9] 所頒布的法規，其中特別提到：「啤酒店若釀製劣質啤酒或者偷斤減兩，便該處以罰則。除此之外，那些啤酒都該銷毀或分發給窮苦人家。」雖然在此並未說明到底何為劣質啤酒，但維持高品質與保護國民之心，則表達得非常明確。西元13～17世紀之間，類似的法規在各地普遍施行，其最終目標不外乎以下幾項：

1. 優化國庫進帳，並強化地區性經濟力。
2. 對市場現況的監控，尤其是針對越來越不穩定的穀物供應狀況。

3. 確保產品的品質與保護消費者。

　　這種「純粹釀造法規」，要屬巴伐利亞設於因格爾斯塔的邦議會在西元1516年4月24日所頒布的最為著名。擬定該法規的背後原因，實為平衡地方與中央的利益，原應以葡萄酒繳納的稅賦，現在被啤酒取代了，但釀酒用的穀物又時常短缺。於是，其條文斷然寫道：「我們也需要一種特別聯盟/為了各城/各市場/與全國各地/啤酒匱乏/數量多些/而且只能使用大麥/忽布花/與水來釀造。」純粹釀造法規，原來是各路擁有釀酒權的人士（在巴伐利亞就是貴族、修道院與市政府）為確保啤酒的高品質而擬定的。巴伐利亞地區不允許拿小麥去釀酒，因為小麥在烘焙麵包方面的意義非凡，比釀酒重要得多。雖然如此，擁有部分公國領地的下巴伐利亞地區，對於使用小麥釀製啤酒卻採取開放的態度。不過，擬定西元1603年的海德堡啤酒法規的選帝侯[10]斐特烈四世（Friedrich IV.）與巴伐利亞公爵的看法一致：「這會兒還是有人想用小麥釀酒，咱們可不敢保證那沒問題。」儘管如此，西元1548年時，戴根貝格家族[11]的漢斯四世（Hans IV.）卻允諾，介於巴伐利亞森林與多瑙河之間的區域

---

❾ 紅鬍子大帝：即腓特烈一世（Friedrich I Barbarossa，約西元1122年～1190年），神聖羅馬帝國皇帝。

❿ 選帝侯（Kurfürst）：德國有權選舉神聖羅馬帝國皇帝的諸侯。

⓫ 戴根貝格家族（Degenberg）：世居巴伐利亞森林區域的貴族家庭。

可以採用小麥釀酒，以阻擋越來越受歡迎的波西米亞小麥啤酒之入侵攻勢。戴根貝格家族滅亡後，巴伐利亞公爵馬克西米里安一世（Maximilian I.）於西元1602年接收其貴族特權，並將該地建造成華美的地區首府。從此，無須移至陰涼處所儲藏、且整年均可釀製的頂層發酵小麥啤酒，便僅限於慕尼黑、克爾海姆（Kelheim）、馬堤格侯分（Mattighofen）與特羅因斯泰因（Traunstein）等地的貴族釀酒坊進行釀造，並長期從中獲取鉅額利潤。

純粹釀造法規頒布後一年，巴伐利亞地區各公爵都規定了釀酒期——介於聖麥克節（Michaeli，9月29日）至聖喬治節（Georgi，4月23日）之間的日子才可釀酒。西元1539年時，甚至更進一步，規定整個夏季都得把釀酒用鍋爐封印收藏起來。此外，有關底層發酵釀製法，至少對於巴伐利亞主要的飲品棕啤酒，也有了明確的規定；「白色的」（頂層發酵）大麥啤酒，只有符合某些規定才許釀造。例如，有份西元1692年某選帝侯頒布的法規，便賦予了賽斐德（Seefeld）地區托令（Törring）公爵家族如下權利，「*准予釀造頂層發酵但含純大麥的無小麥啤酒*」。這款啤酒大受歡迎，銷路非常好，好到鄰村威爾海姆（Weilhemier）的釀酒廠自行以措詞明確的書信向公爵請求，希望能留條生路給他們，否則大家都得去喝西北風了。

總而言之，巴伐利亞地區的純粹釀造法規，正因其內容的彈性調

整，而能施行數百年而不墜。西元1906年6月3日起生效、通行全德意志帝國的釀酒稅法，便將完整的純粹釀造法規納入，只有亞爾薩斯–洛林[12]地區不受此約束。此法規明訂，釀製底層發酵啤酒僅准許採用大麥芽，而頂層發酵啤酒則可選擇其他穀類的麥芽，以及技術性使用純糖與糖色素進行釀造。直到西元1918年帝國時期結束，純粹釀造法規仍持續通行，即使為了配合歐洲內需市場而有調整，但始終沒有退場，如今更成為優質健康啤酒的品質保證。希望能永遠如此！

被妖魔化的飲用者形象──酒鬼與女巫

愛喝酒的民族

西元1535年，維騰貝格城[13] 的漢斯‧路弗特[14] 將改寫自《聖經》詩篇101的《馬丁‧路德聖詩》付梓。該書接近結尾處，馬丁‧路德提出

---

❷ 亞爾薩斯-洛林（Elsass Lothringen）：德國和法國有過爭議的地區。目前隸屬於法國。

❸ 維騰貝格城（Wittenberg）：位於德國柏林西南方，有路德城之稱，為西元16世紀時該國重要的政治、藝術及文化歷史中心。

❹ 漢斯‧路弗特（Hans Lufft）：西元1495～1584年，宗教改革時期重要的印刷商，有「聖經印刷人」之稱。

了他對於飲酒的看法，認為：「每個地方都會有自己的惡魔/威爾胥蘭德（Welschland）有/法國有/而我們德國的魔鬼則應是那只好酒囊/那傢伙名為酒鬼，老是飢渴又瘋癲/大口大口葡萄酒與啤酒下肚，要他冷靜也難。」這種說法首次出現在路德教派傳教士與作家馬修斯‧斐德瑞希（Mattheus Friderich，約西元1510～1559年）的作品中，此後，這詞便出現在許多宗教性文字敘述裡。這類的文字，包括海涅希‧科瑙斯（Heinrich Knaust）所著的啤酒相關書籍，對於酒鬼的描述，皆是一頭長了角、配上羊蹄的公鹿，自此也在圖像解釋學上為魔鬼定了型。此外，這模樣與基督異教文化裡的薩提爾（Satyrn）──即酒神戴歐尼修斯那本性衝動的隨從是如此地相似，更是讓人難以忽視。

　　不過，這些作者在作品中如此描述並不算太誇張，因為，那時無論在國宴、婚宴或喪禮的場合，大家都喝得一塌糊塗。若是更特別一點的慶典，例如皇帝加冕之類，葡萄酒與啤酒更似泉湧般供應不絕，任何人都可來喝個盡興。即使是小小的侯爵，辦起慶宴來也絕對花錢不手軟。西元1545年，有位布倫瑞克–呂訥堡（Braunschweige–Lüneburg）地區的公爵艾瑞希二世（Erich II.），他官拜雇傭兵首領，薪餉其實有限，但他迎娶薩克森公爵女兒席朵尼亞（Sidonia）時，仍不惜重本，耗費約2萬3千5百公升法蘭克葡萄酒、3萬公升埃因貝克啤酒與21萬公升本地啤酒慶祝。既然主子都這麼做了，下屬們便有樣學樣；於是，無論是在平民住

家或農村瓦舍，皆時興這樣盡情狂歡。

　　而更讓宗教人士不以為然的，則是「舉杯敬酒」的習俗。共食同歡是日耳曼-凱爾特文化的傳統，且直到中世紀早期都還保有「幫會辦桌」的形式。所謂的幫會，其實起源於一種互助聯合會，大家以慶典來互許彼此支援的盟誓，而這樣的聚會當然免不了同席飽餐一頓，酒宴一巡接一巡沒完沒了。席間，還會依習俗進行「獻酒」，就是眾人以聖人或逝者之名相互敬酒。與中世紀晚期的敬酒形式相較，我們今日所謂的敬酒，根本只是小意思。在這種狂飲式的社交筵席裡，大家舉杯向某人簡短祝福後，便一乾而盡，以表敬意，但此舉亦等於「告知」對方，希望他也能「臉不紅、氣不喘」地乾杯回敬。於是，最後常常演變成拚酒大會，讓參與者的健康受損不說，有時還會以流血收場。神學家認為，自作孽的不僅是飲酒人本身，更是那些提供飲酒場合的團體，所以在上位者應該出手管一管。而他們樂意之至，祭出了無數禁令與「警察」規範，不過幾乎沒什麼成效就是了。

　　這種路德式的德國人形象，亦即德國人是特別愛喝酒的民族之說，也深受外來撰文者的青睞，並不忘在描繪各國眾生相時加上一筆，以此確立德國人在歐洲世界的形象。不過，其實荷蘭人、英國人與捷克人也常被諷刺為酗啤酒的民族；至於德國人的反應，他們倒是挺接受用喝啤酒來代表自己的。塔西陀（Tacitus）所著的民族誌《日耳曼人》

（*Germania*）於西元1450年重現，從文中發現，原來德國人的先祖「維爾遜人」（Welsche）早被以酒鬼之姿呈現，而且似乎從此證明了他們與大麥汁的親密關係。

此外，任何一部建構德國人先祖起源的傳說，都離不開伊西斯、冥王歐西里斯與甘布里努斯[15]。例如阿紐斯·馮·維特博[16]（西元1432～1502年）便認為圖依斯托國王[17]就是甘布里努斯；而在安德烈亞斯·阿爾塔瑪[18]（西元1500～1539年）的作品中，伊西斯與歐西里斯則教導甘布里努斯「熬煮啤酒」。

同樣的情景，約翰尼斯·阿汶堤努斯（Johannes Aventinus）也為文撰述過，描繪了身為日耳曼國王馬蘇斯（Marsus）之子的甘布里努斯，正由其妻愛森（Eisen，亦即伊西斯）傳授「從大麥熬製啤酒」的方法。而發源於布卡德·華帝斯[19]（約西元1490～1556年）作品中的甘布里努斯形象，直到今日仍為眾人認可，此處的甘布里努斯是布拉班特[20]與法蘭德斯（Flandern）地區的國王，他會「以大麥製作麥芽」，並且是「發明啤酒釀造的人」。

添加物及女巫傳說

執政當局的公權力，在干涉眾人暢飲這種事或許使不上力，但在另一個領域裡可就綽綽有餘，即對於各種植物與藥草的使用管制。西

元1450年之際，雷根斯堡政府便已向漢斯・馮・拜律特醫師請教專業意見，詢問若在啤酒中加入「天仙子種子、核桃葉、山毛櫸灰、杉木樹脂、茴芹、胡桃核、洋香菜與其他利尿的根莖植物」是否有礙健康。而相關的檢驗報告顯示，加了這些香料的啤酒，僅能視為藥用啤酒，且須在專家的指導監督下才能製造與販賣。至於那種「為眾人熬製」的啤酒，則只許加入忽布花與水，並以新上黑瀝青的木桶盛裝。西元1507年，艾希斯特的主教以一紙禁令，宣布凡在所釀啤酒中加入天仙子種子與其他「讓頭腦感覺良好的東西與藥草」，便須繳納5金幣罰款。

　　在漢斯・馮・拜律特醫師身後140年，塔伯聶蒙大努斯[21]在其著作《新藥草大全》（Neuw Kreuterbuch）中，作了如下論述：「這些技巧（指在啤酒內加入調味料、糖或蜂蜜）使啤酒口感豐富溫順，我們的釀酒廠已由法蘭德斯及尼德蘭地區業者得知此訊息。這還讓人稍微可忍受，好比加了月桂、防腐植物、楊梅科與野芝麻屬植物可提升啤酒口

---

⑮ 甘布里努斯（Gambrinus）：傳說中發明啤酒釀造法的國王。

⑯ 阿紐斯・馮・維特博（Annius von Viterbo）：義大利人，天主教道明會修道士，教廷御用歷史撰述人。

⑰ 圖依斯托國王（Thuiskonenkönig）：日耳曼神話故事裡的神，據傳有大地之母與巨人先祖兩種身分。

⑱ 安德烈亞斯・阿爾塔瑪（Andreas Althamer）：德國人文主義與宗教改革家。

⑲ 布卡德・華帝斯（Burkard Waldis）：德國寓言作家、劇作家。

⑳ 布拉班特（Brabant）：中世紀時歐洲低地地區的公國之一，又譯低地國，是對歐洲西北沿海地區的稱呼。

㉑ 塔伯聶蒙大努斯（Tabernaemontanus）：德國植物學家與醫學家。

感，使其風味持久，不即刻走味或酸敗。然而若在啤酒內加入雀麥種子、炭黑、天仙子種子、印度罌粟與其他類似有害物質，則應予摒棄與詛咒，且應把這種製造有害偽啤酒的人，視為公敵及殘害身體的小偷與凶手懲罰之。」換句話說，把天仙子加入啤酒的人，等同殺人凶手。

而對於含生物鹼[22]啤酒添加物的禁令，基本上是根據三方面發展的考量：

1. 無論是過去或現在，這些東西由外行人來處理真的具有危險性，從天仙子植物的別名為「退休老農藥草」（Altsitzerkraut）便可知其險惡；這東西有時還會成為加快某家族遺產繼承速度的幫凶。在一個遍嚐百草以確知何為過量與分際，同時又因印刷術普及、人人可接觸藥草知識的時代，誤用、濫用的風險也會隨之增高。

2. 以羅馬傳統為根基所打造的領土國家，向來希望能控制沉迷酒醉的狀況，一方面因為心存對異教迷醉習俗的排斥，另一方面則是對任何「騷動」都感到疑懼，所以用純粹釀造法規禁止，或讓釀酒者再三明確宣誓，表明絕不使用有迷幻成分的植物來釀造道爾啤酒。此外，政府也更進一步規定，只有城市、議會或宮廷藥師，才有資格使用這些藥草。

---

❷❷ 生物鹼（Alkaloide）：存於動植物及蕈類中的胺類分子。雖然大部分的生物鹼會毒害人體，但有些能入藥，可鎮痛或麻醉。

3. 對黑暗勢力越來越繪聲繪影的恐懼，以及想像力越來越豐富的獵巫行動，使專業人士行事更加謹慎。那時首要的獵巫對象，就是施用藥草的女子，即「會占卜的女人」。這些人讓有關當局難以掌控，被視為是當時醫療與藥學能力的大威脅，必除之而快。所以，就算在嚴刑拷打之下，也沒有任何醫師或藥師願意招供，承認自己知道調製那種飲料的配方，更不可能供稱早已調配出來。

一定份量的天仙子植物就能引起性幻想與幻覺（所以才會用它來調製愛情飲和所謂的巫婆湯），這是古老的常識。而如大量巫師審判所證，他們的確用了含生物鹼的植物，因此，那種喝了一杯啤酒就「學會」巫術的事也時有所聞。西元1576年時，有位「女巫」供稱，巫婆共同進餐時都會喝幾杯紅啤酒；一年之後，還有人指證，在那種聚會裡所喝的，其實是馬格堡與加爾格萊根（Gardlegen）啤酒。含麥角胺鹼或天仙子的啤酒，在很多神祕儀式裡扮演要角。所以許多描繪巫婆場景的畫作，都不可缺少釀酒鍋爐。

不過，就算沒有那些會引起心理反應的藥物，在巫婆審判裡，啤酒還是免不了被提及。例如，法庭上會有女巫或巫師被指控偷了啤酒桶，因為他們得騎酒桶趕赴巫婆舞會。更常見的莫須有罪名，則是說他們能讓啤酒腐壞變味，這會帶來厄運；而啤酒酸敗也被認為是壞巫術起了作

用。曾有位女釀酒師在慕尼黑被燒死，只因據傳她與許多「女巫」在其酒館前用所釀的清啤酒洗澡。此外，若哪裡出現了會飛的鬼，馬上就謠傳那是某獵巫行動犧牲者送到鄰家釀酒坊的。

　　還有種說法，即「女巫」會化身成她家的貓，溜到隔壁釀酒屋施咒。最後，所有被冤枉入罪者的下場，就是被推到火燒柴堆上終結生命。

釀酒工作專業化──技術者與工會組織

新的釀酒作業分工

　　在日耳曼人的傳統裡，釀酒是家庭主婦的職責，一家主婦可自行決定何時釀酒、釀多少與如何釀；而且，這也列入遺產繼承的一部分。所有釀酒器具都是女子結婚時的嫁妝，並且繼續歸她所有。在西利西亞地區，除了大木桶之外，女兒或姊妹可繼承所有的釀酒器具。直到西元20世紀，許多農婦都還保有這種自己釀酒的能力。也因為這種習俗，婦女在專業「藥草香料調製人」之事上，占有一席之地。然而，隨著添加忽布花的啤酒問世，以及城市所屬釀酒廠產量的提升，曾經不可或缺的「鍋爐釀造法」便失去了舞臺。不過，由於德國民間的釀造傳統仍對女

釀酒師採接納態度，所以衝擊不算很大。但在別處，例如英國，那裡的「愛爾啤酒釀製婦」可就沒這麼幸運了，這些在家釀啤酒供自用與販售的婦人，因忽布花啤酒的引進，而失去了原本生存的根基。

此外，新的釀酒技術須精細分工、且能互相協調時間的工作方式，這在過往是極難實行的。企業裡的分層負責生態便這樣形成了：勞苦的體力工作由釀酒男女工進行，他們多是釀酒師傅的家族成員；內部管理工作，由獨立創業或受聘的釀酒師擔任；最後負責販售的，則是實際擁有銷售權的人士。由於專業分工的迫切需要，自此，釀酒師被禁止從事釀酒以外的手工行業，而其他手工業者也不可私自釀酒，至少不許釀酒對外販售。例如，漢堡於西元1529年的一項書面協定便明訂了，手工業者居所的釀酒權若失效，就不許再釀酒。埃爾弗特在西元1615年的釀酒法規也明訂：「若某手工業者想成為釀酒師，不僅不應再從事原來的行業，還應完全退出，否則便不允許再行使釀酒權。」諸如此類的章程，在許多城市裡開始施行。巴伐利亞地區自西元1503年起規定，若要向釀酒局申請釀酒許可，須具備至少3年的釀酒學程訓練，而且是「用自己的手來完成」的。與此同時，專業釀酒師也逐漸形成了組織。

成立釀酒師公會

由職業釀酒師組成、握有官方牌照的同業公會形式，是從各方傳

統而來。首先為古羅馬時代的啤酒釀造師公會Brassatores，至卡洛林王朝時成了Siceratores，然後是中世紀的修道院與宮廷釀酒人。據推測，應在西元10世紀之前，民間釀酒師就已如古羅馬前輩那般，自行組織了手工業者協會互相合作。不過，某些難以掌控的結盟，尤其是那種歃血為盟、兄弟會形式的公會，有關當局通常會給予明確的禁令，例如西元1250年，北法國地區便明文禁止釀酒師之間的「共同起誓」。主管單位還是希望所有協會都能經其批准與監督。

在古老的城市裡，王室所屬的城堡領主或一城之主，就是所有手工業者的「老闆」，這明訂在當時的工商業管理條例中，而且老闆們還可據此收取費用。西元1156年，奧格斯堡的堡主便因此和肉販、麵包師傅與釀酒師對簿公堂。西元13世紀時，釀酒師群起向釀酒局相關單位要求對等合作的地位。因此，腓特烈二世大帝（Friedrich II.，西元1194～1250年）便動用特權，令雷根斯堡地區將平民自用啤酒釀造權與營業用釀造權做區隔，並為此設置城堡領主/公爵所屬的釀造局。無論在慕尼黑以Officium Praxationis為名，或在科隆稱作釀造局（日後統稱為同業公會Zunft），西元13世紀時，這兩地皆已設有「手工業公會」，每位釀酒師都可自由參加。

公會的職責，是代表會員向主管單位交涉相關事宜，督促會員繳納某些應付款項，並確保會員行為合度。至於其他依城市法規而新建的城

市，該地的釀酒師也同樣組織公會，那些確定將從事釀酒專業、並希望與其他自用釀酒區隔的人便可加入。加入釀酒公會的先決條件，除得確實從事這個行業之外，多限於獨立創業（有釀酒師傅資格）的人。這種同業公會與辦事處的運作如同法人團體，除規範內部普遍適用的事務，如學徒訓練方式及執業資格的核准（釀酒師資格考試）等，也制定品質標準，並有權執行懲處事項。此外，公會還代表會員與各機關溝通，對手工業相關法規的訂立施加影響。

公會的另一項職責，是關懷照顧已逝會員的遺族，若會員陷入困境，亦適時伸出援手。與一般「辦事處」不同的是，在某些手工業者也參與城市治理的地方，同業公會在政治上非常活躍。因此，施行寡頭貴族憲政的地區，會禁止同業結成團體，或須強制接受城市治理當局的監督。至於那些傳統上仰賴地區性釀酒坊，或習慣在家裡釀造、是以釀酒師並非職業的地方，便完全沒有同業公會的存在。

另一種組織，則是兄弟會。這是一種自願組成的團體，多由守護祭壇或教堂聖徒的成員組成，並以其守護對象命名。這種兄弟會並沒有實質的政治作用，最大的功能是為有所需的會員提供協助，無論是公會相關事務或人道需求皆可，且還能交換資訊。例如，西元1447年布魯日（Brügge）釀酒雇工所成立的聯合會Fraternitas Sancti Vincenti，便旨在助其會員「對付房東，保護婦女與血氣青年」。漢堡地區也有一個釀酒雇

工的聖文森特兄弟會（St. Vincenti-Bruderschaft），同樣的組織到了施塔德（Stade）卻更名為「聖女潔如」（St. Gertrud）。不過，並非各地的上位者都樂於見到這種極易引起騷動的兄弟會存在，像威斯馬地區就於西元14世紀末對此發出禁令。

　　還有一種組織形式，稱為「行會」，雖然各地有許多不同的名稱，例如「特許公司」[23]、「公會聯合會」或「工商協會」等，但都是類似的組織。組成的緣由是，城市裡實際擁有銷售權的人，多以商人或啤酒批發商為主，而這些人也會組成維護共同利益的團體，並在政治上有影響力。所以，如羅斯托克與呂貝克那些具有議事發言權的貿易商，就會集結成特許公司，其中也包括啤酒商特許公司。在但澤，啤酒貿易商也算是大型商家，他們組成的團體是聖喬治兄弟會。曾有多位皇帝居住過的紐倫堡，則將這種組織稱為「釀造交易」。西元1363年之際，慕尼黑釀造局的成員還包括貨幣兌換商、食鹽貨運代理商或礦業者。屬西利西亞地區的布雷斯勞與希維德尼察，兩地的釀酒權所有人均納入克雷奇默爾公會（以酒館業主與啤酒批發商為主）裡，而在科隆地區則隸屬「公會聯合會」。

　　總而言之，我們可以簡單劃分，城市裡的獨立手工釀酒人，若因

㉓特許公司（Compagnie）：投資人或股東為探險、貿易和殖民建立的協會，為現代公司的前身。

其手藝而參與市政，則隸屬於公會成員；在貴族寡頭統治的城市裡，商用啤酒釀酒師可參與「行會」或「辦事處」；而受人雇用的釀酒雇工則是組成兄弟會。不過，實際上的組織形式卻廣得多，且有多種混合型態。在科隆地區，釀酒師可以是聖彼得米蘭兄弟會的成員，也能同時參加釀酒師公會（釀造局）與行會，因為他們在不同的組織裡可能擔任不同的工作。況且，每種組織的稱號不見得名副其實，也有釀酒雇工的團體稱為公會，例如布雷斯勞製麥公會、希維德尼察的製麥與釀酒公會，或紐倫堡的釀酒師公會等。馬格堡自西元1330年起，以及明斯特城（Münster）自西元1492年之後，據推測應為受雇的麵包師傅與釀酒師們，組成了「公會聯合會」或「工商協會」。

此外，有些地區，例如弗萊貝格、克拉科夫或斯特洛賓，釀酒師與製麥工人還分別有各自的公會。西元1797年時，德勒斯登當地擁有釀酒權的人士，雇用了西利西亞與波西米亞地區的釀酒師，這些支領薪資的釀酒師也組成了自屬的工商協會。而這些組織型態與名稱的多樣性，正好反映了西元17世紀初歐洲大陸啤酒釀造業的多元，並透露出各地不同階段的發展與政治環境，以及為符合市場需求而全力搶進的蓬勃現況。

歐洲釀酒廠的繁盛衰頹

—— 多種啤酒、多樣選擇

奢華啤酒與大型酒莊

　　西元1575年聖安東尼日[1]，海涅希・科瑙斯（Heinrich Knaust）這個「民法與教會法雙博士、受皇室讚譽授勛、溫和騎士詩人」完成了《天賜的高貴天賦，關於啤酒釀造的哲學及其無與倫比的藝術五書》系列叢書，其中包含了「德國最高尚的啤酒/小麥與大麥啤酒兼具／白啤酒與紅啤酒」。他列舉了130個以上的城市與地區，所產啤酒的良好品質都是經他認可，或至少有一定水準的。那時釀製忽布花啤酒的知識與技術已經非常普及，需求急速上升。加上葡萄栽種的規模縮小，原本品質普通又便宜的國產酒，例如前文曾提及的巴伐利亞葡萄酒，便因名過其實的昂貴而逐漸消失。因此，西元15、16世紀時，歐洲大陸的啤酒生產更加流行，像慕尼黑地區的釀酒坊，西元1400年只有11間，西元1500年增為39所，而西元1598年，已達到74座。即使向來以生產葡萄酒著稱的符騰堡地區，在西元17世紀初，也創立了第一所啤酒釀造廠。而領主與城市統治者在葡萄酒方面的稅收短缺時，就向啤酒釀製廠徵稅彌補。從此，啤酒成為很重要的經濟來源，占了國家總收入的1/4至1/2不等。

---

❶聖安東尼日（Antoniustag）：為紀念基督徒隱修先驅聖安東尼的日子。

這時期，到處都有新的啤酒種類與釀製中心，例如設立於策爾布斯特（Zerbst）、貝爾瑙（Bernau，柏林附近）或托爾高（Torgau）的釀酒廠等。而其中成績最斐然的，是漢諾威的博伊罕啤酒（Broyhan），在西元1600年，這種啤酒的年產量可達9百萬公升。此時，為數眾多的城市都想將自家啤酒推銷至外地，所以會為其取個具廣告效果又平易近人的別名，例如「以色列」、「休息一下」、「宿醉」或「邀遏鬼」等。而有些地方的酒，則乾脆直接抄襲已經赫赫有名的品牌，例如漢諾威博伊罕啤酒、布倫瑞克穆莫啤酒或戈斯拉爾（Goslar）的戈斯（Gose）啤酒。內陸地區啤酒輸出（涵蓋一里禁區[2]）的速度加快，而且不僅止於「奢華品牌」，連小城市的啤酒也被大量外送，例如受科瑙斯讚譽有加的班堡啤酒，在紐倫堡、法蘭克福與美茵茲[3]的酒館中都可見到。

　　此外，修道院與貴族也無不積極利用手中的釀酒供應權，以求在利潤驚人的區域性啤酒市場裡分一杯羹。修道院的釀酒事業在中世紀一度沒落，這時又蓬勃起來，據同時代人觀察，「幾年前還只須為了自用，以小鍋爐釀酒，如今卻得立刻興建公共釀酒坊才敷使用。」各城各國建起大型釀酒廠且自己經營，其中最有名的應屬巴伐利亞的HB皇家啤酒廠。許多貴族也設立所屬的釀酒廠，於是大型酒莊便坐落於各村莊中。

　　這種發展並不限於德國境內，波西米亞地區同樣也有許多屬於貴族的釀酒廠；而波蘭酒莊所產的啤酒，更是讓科瑙斯讚不絕口。酒莊產

的啤酒，品質通常比城產啤酒好得多，何況城屬釀酒師本就無法在一里禁區內販賣其最優質的產品，但酒莊的釀酒師卻能以低廉成本釀出濃郁香醇的啤酒，因為釀酒用穀物與所需柴火都是自家所產。以自有穀物釀造，不但可保證原料來源一致，而且品質較佳。至於釀酒用人力，則是挪用冬季時不須投入農業生產的雇工。更好的是，他們無須支付額外的貨運費用，貴族與修道院又不必繳稅，因為根據官方說法，他們釀的啤酒都是供自用或只在自家酒館販賣。

城屬釀酒廠的衰敗

　　景氣繁榮時超額擴產的作為，很快就會嚐到苦果。如同漢薩城市發生過的情形般，內需市場的啤酒供應瞬間就超出了需求，各國、各城與各公會的因應方式，則是限縮產量。然而，雖然想盡各種方法，並以不減少稅收為原則，但許多城市最後還是得採用集中釀酒廠的方式來解

❷ 一里禁區：Bannmeile，指城市、城堡、修道院周圍一里範圍內，其當局或地主擁有在此區經營磨坊、酒坊等的專利權（即里程權）。
❸ 美茵茲（Mainz）：位於法蘭克福附近的政教古都，在神聖羅馬帝國的時代，其大主教是選帝侯之一。

決；至於外來的競爭者，則以高關稅壁壘及選擇性進口禁令來排除。這一切措施，雖然暫時保住了自家產品的銷售量，卻不是真正具有競爭力和革新精神的作法。隨後，最慘烈的後果發生在西元16世紀下半葉的通貨膨脹，穀物的價格漲得飛快，但工資的提升卻有限。此外，釀酒原料變得昂貴，但釀酒坊的啤酒價格卻無法回應成本。雖然已經有人捨棄較貴的白啤酒，改喝廉價的紅啤酒或乾脆喝淡啤酒，但釀酒廠也盡其所能地以合法或不合法的方式，藉由改變產量與產出方法來降低麥汁含量，或將符合標準的啤酒摻入淡啤酒，甚至加水來偷斤減兩。這種酒不僅營養成分被打折扣，還容易敗壞。

就在許多釀酒廠接二連三停業之際，三十年戰爭[4] 開打，這一打更是雪上加霜，使釀酒業以非比尋常的頹勢迅速衰敗。在一個世代之間，基礎設施橫遭破壞，許多資產蒙受毀損，釀酒廠、釀酒用平底鑊也無一倖免。

這場戰爭結束後，全歐洲只剩下1/3的人口。西元1648年所締結的《奧斯納布呂克條約》與《明斯特和約》，共有約300個德國小諸侯國參與協議，並記載了無數海關關卡與大大小小市場，及其所使用的各種度量衡計算單位。而負債累累的各城與各國，則無不想方設法以加稅或增加課稅名目來償債，啤酒釀造廠就在這種狀況下首當其衝。那時，啤酒釀製所得已幾乎僅能餬口，有些地區的釀酒廠甚至還被迫在虧本的狀

況下繼續釀酒。經由擴大產能來改善營收也幾乎是不可能的任務,因為一般平民所經營的釀酒坊規模太小,不是希望使原有廠房更具生產功能就能建的。只有少數的釀酒廠,尤其是國營及修道院釀酒廠和大型酒莊,其原本就具功能性的廠房,才有擴建的可能;而且,這種釀酒廠受高稅額的影響也比較小。

在巴伐利亞地區,所有釀酒坊都可經由繳交預付款(某種款項組合)來減輕稅額負擔,但其古老要塞堡壘,以及在北部德國與薩克森地區,釀酒業的經營卻在西元18世紀時岌岌可危。不過,這些狀況再險惡,都比不上新式啤酒的出現與群眾口味改變來得令人傷腦筋。

口味改變衝擊市場

西元1734年,當萊比錫的齊默爾曼咖啡屋飄出女高音詠嘆調歌聲,巴哈的咖啡頌讚曲「嗨!甜甜的咖啡喝起來如何」緩緩流淌時,應該只有少數的釀酒坊意識到,一個新紀元已經悄然開啟。不過,大約50年

---

❹ 三十年戰爭:西元1618年～1648年,由神聖羅馬帝國內戰演變成的歐洲大規模戰爭。

後，也就是西元1782年，當啤酒大城布雷斯勞原本的白啤酒酒館驟然變身為咖啡餐飲店時，許多人才終於明瞭，傳統啤酒產業已走入死胡同。人們的飲食習慣有了徹底的大翻轉，那個視啤酒為日常飲料的時代，已經一去不復返。

這個轉變的過程，其實早在中世紀便已開始，那時眾人由習以為常的一天兩餐，逐漸增加至三餐，甚至四餐；到了中世紀晚期，飲食方面的地域性與社會階級差異性越發明顯。西元18世紀時，上流社會爭相仿效法國的飲食文化，無論是擺盤、精緻的烹調，或以鮮美葡萄酒佐餐的習慣，都顯現了不再以量取勝的傾向；但有自覺的中產階級，卻起而與其劃清界線，維護一種清心寡慾的飲食習慣。大量的肉類餐點與喝上兩杯的飲食內容，被眾多哲學與醫學觀點「理性的」鄙視唾棄。在虔敬主義[5]思想的教化下，咖啡或茶逐漸取代了啤酒，而且通常配以溫熱的餐食。這些熱飲裡加了糖，與殖民地交易而來的蔗糖及自西元1800年起出現的甜菜糖，也被加進過往偏酸、重鹹或以香料調味的菜色；而這個趨勢也顯現在啤酒上，色深、味甜的啤酒成為一種時尚。至於白啤酒，則失去了顧客的擁戴，在西元1798年，選帝侯卡爾‧泰奧多爾（Karl Theodor）甚至放棄手中的小麥啤酒釀造特權，將其「白色啤酒釀製廠」賣掉。而社會中較貧窮的階級，由於他們的飲食費用一般占收入的75%以上，為了節省，原本慣於食用的麵包、啤酒湯品與穀物粥點，現

都以較廉價的馬鈴薯與蔬食大鍋菜取代，啤酒也因此喪失了過往作為便宜卡路里與維他命來源的重要性。至於那些無法捨棄醺醺然感覺的人，則改投更經濟實惠的烈酒之懷抱。

西元1800年左右，柏林地區用來生產烈酒的穀物數量與釀製啤酒的量相當；西元1834～1839年之間，普魯士地區的人，啤酒消耗量平均為34公升，而烈酒則是11公升。那時，在歐洲大陸群山以北的地區，許多城屬釀酒坊即使釀製出極淡、味苦，通常帶酸又少不了添加些許違禁品的啤酒，也無法合乎成本；而且，投入相同數量的麥芽，這裡所釀製的啤酒，已經比巴伐利亞地區多出1/4到1/3的產量。但即使是大型酒莊，那些在西元18世紀末期約可供應一半啤酒需求的釀酒廠，這時的產量都急遽衰退，只有巴伐利亞地區的情況稍好些，馬鈴薯在該地除了其發源地上法蘭克區外，尚未取代原本的麵包與穀粉餐點飲食習慣；此地的烈酒消費風氣也還很保守。西元1832年，A.F.齊默曼爾（A.F.Zimmermann）在其著作《巴伐利亞王國》（*Das Königreich Bayern*）中有如下觀察：「自古以來，全國上下便有志一同地選擇了啤酒作為主要飲料，就是這樣的地方，才會使得當今已橫掃各地的烈酒不得其門而入。」事實上，此地的啤酒消耗量仍然很驚人。西元1787年，有2萬人

❺ 虔敬主義：Pietismus，西元17世紀晚期到18世紀中期產生於路德教派的思想，在新教裡影響較大，追求聖潔與內心虔誠的生活。

口的雷根斯堡城共釀了約630萬公升的啤酒，平均一人可有3公升。慕尼黑、因格爾斯塔（Ingolstadt）與蘭茲胡特城（Landshut）釀酒廠的收益令人欣喜，大部分的修道院與酒莊釀酒廠皆賺得豐厚利潤。不過，並非所有釀酒廠的狀況都這麼好，例如紐倫堡，那裡的民間釀酒廠就經營得很困難；與西元1701年相較，西元1795年的啤酒消耗量只剩下一半。

　　許多地方的啤酒釀造業可說已到山窮水盡的地步，面對無法參透的利益環節，因改變而帶來的後果又難以預測，因此，幾乎沒有人敢冒險試探。然而，在邁向西元19世紀之際，所有人心知肚明，啤酒釀造業必定會有一番徹底的改頭換面。只是，還沒有人知道將改變些什麼，以及如何改變。

CHAPTER
8

歐洲啤酒新起點
——工業革命帶來釀造科技

英國啤酒的崛起

傳統啤酒與忽布花啤酒

德國境內最早出現的啤酒廣告之一，應屬西元1796年輸自英國的進口啤酒。這一點也不奇怪，西元1800年前後，英國量產啤酒的發展水準，對部分歐洲內陸地區來說，簡直跟施巫術沒有兩樣。位於羅德海姆（Rödelheim）的前蘇爾姆伯爵特許英國啤酒釀製廠，其管理人約瑟夫·塞維耶曾大膽推測，英國啤酒釀造法絕對有祕密配方，「而且被英國人妥善隱藏起來，即使工作人員也無法一窺究竟，因為所有祕方的調配都是在隱密的實驗室內完成，然後再由製造廠家自行注入烹煮的麥汁中。」當然，並不是真有什麼英國祕方，若要說有，那就是工業化，且能計畫與量產的大規模生產方式，這才是讓大多數人瞠目結舌的地方。

自古典時期以來，啤酒在英國社會裡就占有舉足輕重的角色。自西元6世紀起，盎格魯薩克遜人便帶著混合凱爾特與日耳曼的啤酒傳統，定居於這座島上。西元9世紀末，英格蘭地區出現了無數的「愛爾屋」（Ale-Häuser），大多是木製小屋，緊鄰著「守護者」的住所而造，且按照古羅馬傳統，以一根長棒子標示。那時代的人顯然喝啤酒喝得非常痛快，以至於和平者埃德（Edgar the Peaceful，西元959～975年為英格蘭

國王）不得不下令，每個村莊的酒館不許超過一間。

西元1226年時所頒布的關於麵包與啤酒的法律規定，更將啤酒與穀物的價格綁在一起；不過，在相同的穀物價格下，於城中販賣的啤酒可比在鄉村昂貴。直到西元16世紀仍盛行的「愛爾啤酒」，是種價廉味甜、混濁濃稠的飲料，以小麥和大麥釀成，還會調入蜂蜜與香料飲用。而且，它的保存期限非常短，頂多兩個星期，因此通常是少量釀製，即刻販賣。至於專業的啤酒釀製，均是出自婦女之手，並受國家「愛爾品酒師」的管轄。對上位者來說，大眾啤酒的供應至關緊要，在大城市裡尤然，例如倫敦市政府便於西元1419年公布了一份白皮書，裡面規定，任何曾經從事釀酒業的人士，若日後減少釀酒量或甚至不再釀酒，都得處以重罰。此外，政府官員不得自行釀酒，也不許轉賣啤酒。

直到西元15世紀初，英國人才接觸加了忽布花的啤酒，那是普魯士（漢薩）商人帶往英國，或由荷蘭進口至島嶼上的商品。這種加了忽布花的啤酒（Bere）與傳統的愛爾，在定義上即有明顯的不同。隨著荷蘭移民在西元14世紀的大量湧入，這種外來的忽布花啤酒也開始有人釀製與販賣，讓此地固有的愛爾品酒師苦惱不已。

起初，英國各階層人士對這種啤酒都持抗拒態度，認為那是種陌生、非英國，且屬於新教異端的東西。例如，安德魯・波爾德[1] 醫師便在西元1524年確切地說，愛爾是英國人與生俱來該喝的飲料，而啤酒則

比較適合荷蘭人，此時竟在英國見到有人開始喝啤酒，這對許多英國人的健康實在是種傷害，因為喝多了會讓人肥胖與脹氣，從荷蘭人的外觀就可輕易理解。

總之，英國人剛開始是遲疑的，慢慢才願意與荷蘭忽布花啤酒商搭上線。但一陣時日後，這種高利潤的「啤酒」釀造業，便完全掌握在英國人手中了；外國人的地位，又被降級至釀酒雇工。

西元1493年，倫敦出現了一個自有的啤酒釀造公會；西元1550年，該公會與愛爾釀造公會合併；西元1600年左右，啤酒在迅速成長的倫敦都會區裡所向披靡，甚至可供出口。

能演變至此，是由很多原因促成的。其一，經由改革，修道院失去愛爾釀製重要中心的地位；其二，忽布花啤酒是種色澤清澈的飲料，所以上流人士，尤其是宮廷裡的仕女們，可持最時尚的威尼斯玻璃杯飲用之。但最重要的原因是，忽布花啤酒比較便宜；1公升的麥芽約可釀造1公升的愛爾，但同樣的量，卻能釀出2.5公升的啤酒。此外，忽布花啤酒能保存較久，適合作為軍隊或船隻的備糧物資。西元1588年，英國對抗西班牙的無敵艦隊（Spanish Armada）之役，據稱英軍之所以死傷較西班牙慘重，是因為喝了已腐壞的啤酒之故；而那些從歐洲大陸戰場返鄉

---

❶ 安德魯・波爾德（Andrew Boorde）：英國物理學家、旅行家與作家。

的英國士兵，也成為忽布花啤酒的愛戴者。隨著英國在西元17、18世紀高漲的貿易與海權擴張行動，對這種易於保存啤酒的需求又更加急切，因船上每位成員的啤酒日消耗量達1加侖（約4.5公升）之多。

新能源及釀造法

忽布花啤酒的加入，也讓英國啤酒釀造業開啟了天翻地覆的集中化過程。西元14世紀，1000家釀酒坊供應了約3萬人口的啤酒需求；但西元1600年之際，釀酒廠只剩下83家，卻供給了即將超過20萬的倫敦居民飲用。這種釀酒廠的設備與營運規模，亟需國家資金的挹注，所以這些釀酒業者便成為最富有也最具影響力的人士。尤其以下三個因素的作用，更讓英國釀酒業在西元17世紀遙遙領先其他歐洲大陸的同業：

1. 相對穩定的政治環境。
2. 因航海事業與人口成長，啤酒的需求遽增，尤其是倫敦地區。
3. 對大型啤酒廠的特別支持。

此地的啤酒釀造業者直到西元17世紀中才需要繳稅，比歐洲大陸晚得多。從一開始，大型釀酒廠商就已獲得賦稅大幅減輕的保證，而這也幫助他們充分利用產能，以持續提高利潤。另外，英國與歐洲大陸的

啤酒釀造業之間，還有一個很大的差別。西元1578年1月，有9個倫敦釀酒人被逮捕監禁，原因是他們使用了煤來為釀酒鍋爐起火加熱，而他們的伊莉莎白女王殿下「對煤的氣味與惡臭感到很困擾及反感」，所以女王在倫敦停留期間，全面禁止使用。但早自西元1272年起，倫敦地區就有不許燃燒「海煤」的禁令；所謂海煤，是指那些在海底縫隙間沖積而成、並被海水沖刷至岸邊的一種煤。只是，無論如何禁止，也改變不了可用木柴迅速短缺、不得不增加煤用量的事實。

西元18世紀，山區的煤礦逐漸被開採；到了西元19世紀，採礦行動越發積極。但煤的硫磺與氯含量，卻對釀酒人的健康很不利，也會縮短釀酒設備的使用期限，因此製麥工序仍得使用木柴作為燃料，且一般慣用的乾燥程序若直接採用煤來進行，製出的麥芽味道會讓人不敢領教。於是，釀酒業者研發出將煤焦炭化的方法，西元1642年，焦煤首度在德文郡（Devonshire）的製麥工房裡啟用。英國的啤酒釀造業者於是領先歐洲大陸同業250年，並發展出一套以煤炭為主要燃料的釀酒技術。

此外，倫敦大釀酒廠在西元18世紀前1/3時期，還因引進迅速爆紅的新類型啤酒，也就是波特酒（Porter），而開啟了新頁。該酒的產量因政府對抗烈酒飲用氾濫、也就是所謂的琴酒流行病（Gin-Epidemie）的措施，故大受激勵。波特酒是一種色澤深沉的頂層發酵窖藏啤酒，酒精含量約在5～6%之間，以保存期限長且價格低廉著稱。而波特酒的釀

製，更是標記了一段由傳統啤酒過渡到工業化量產啤酒的時期，麥芽與忽布花開始分別由不同的業者在鄉間加工。諾福克郡（Norfolk）與林肯郡（Lincolnshire）蓬勃發展的麥芽製造業，所產的是顏色較淺、由焦煤進行乾燥的麥芽，專供高效糖化程序使用；另一方面，由哈特福郡（Hertfordshire）製麥業者所生產的，則是顏色較深、直接燃燒麥稈或木柴進行烘乾的麥芽，為啤酒帶入色澤與香氣之用。當時的製麥業者也提供某些特製的麥芽，例如為了節省成本或調製創新口味等所需。

丹尼爾・衛勒（Daniel Wheeler）於西元1817年獲得一項烘烤滾筒的專利，以此設備所生產的烘烤麥芽立刻大受歡迎。西元1823年，位於特倫河畔伯頓（Burton-upon-Trent）的愛爾生產廠業主塞謬爾・艾爾索普（Samuel Allsopp，西元1780～1836年），研發出一種顏色很淡、但酶含量豐富的麥芽，並以此奠下「印度淡啤酒」（India Pale Ale）的基礎；此款啤酒後來風靡了全世界。

工業化釀酒的技術與設備

工業化量產啤酒的釀造方式與傳統釀酒前輩的做法，基本上有三大不同點：

1. 分工方式不同，機械化與自動化，以量取勝。

2. 倉儲方式及與此相關的啤酒品質穩定度。

3. 可重複性，因為新的測量方式更能掌握原料的用量。

　　於是，大型釀酒廠便以上述原則與目標去建置合乎自身計畫與功能的複合式建築物。鐵製的穀物研磨設備、抽水機與各種管線，因應所需鋪設，並以極高的產量與使用率進行作業。

　　而影響波特酒熟成與保存期限的關鍵，在於儲藏的過程；巨型儲存木桶的容量大小，更是隨著時間推移，呈跳躍式的狀態發展。西元1710年，倫敦釀酒業者約翰・佩森所擁有的最大木桶，容量為25200公升，然而來到西元1736年，他兒子的儲存桶卻已可容納25萬公升的啤酒。接下來，格里芬釀酒廠（Griffin-Brauerei）的理查・默斯，則於西元1795年央人打造了一個容量達300萬公升的木桶。只有那些資本雄厚的釀酒業者有能力負擔這種酒桶及所有相關配備，啤酒的儲存時間也因此從西元1710年的4～6週、西元1722年的4～5個月，至西元1762年，已延長達2年之久。波特酒的酒精含量比傳統的愛爾啤酒還低，因此須加入大量的忽布花，並讓酒液在自身的高壓狀態下儲存較久，以產生厭氧（無氧條件）環境來延長保存期限。而這種儲存中的狀態，還可促進德克（Dekkera）酵母的生長；該酵母的代謝產物會使啤酒在後發酵期間產出「精緻、華麗、活潑」的風味。

實際上的機械化作業，要等西元1784年亨利・古德溫（Henry Goodwin）與塞謬爾・懷貝德（Samuel Whitebread）的釀酒廠導入蒸汽機後才真正開始。起初的應用是抽取設備方面，不久後，陸續有其他機器以蒸汽驅動，例如攪拌裝置。有位德國大學兼職講師於西元1859年為其家鄉城鎮所下的註腳，也適用於西元1800年左右的英國社會現況：「愛爾朗根市（Erlangen）數一數二的釀酒大廠，現在以5馬力蒸汽機器及15位專職工作人員，就能年產4萬桶！（每桶約68公升）啤酒，想想以前沒有機器時，動用20位員工，每年也只有2萬5～3萬桶的產量。而這些機器，還有可能讓產量再往上提升至6萬桶呢！」但採用蒸汽動力，以及將所有設備轉換為適用新系統的代價可不小，而這又促使了啤酒釀造業更進一步的集中化。

　　英國的啤酒釀造業能在西元18世紀從手工業轉型為工業生產，該歸功於幾個最根本的要素。

1. 採用適宜的測量儀器。
2. 應用科學方法。
3. 提供釀酒師很扎實的培育訓練。

　　其中最重要的，首推溫度與麥汁含糖量的精確測量，這時已可分別

經由溫度計與糖度計來完成。西元1758年，漢姆斯特德（Hampstead）一家愛爾啤酒釀製廠的老闆麥可‧康博林（Michael Combrune）出版了一本小冊子，書名為《啤酒釀製隨筆，一窺釀造藝術原則確立之究竟》（*An Essay on Brewing, with a View of Establishing the Priciples of the Art*），文中對於製麥與釀造期間的溫度計使用，有極確切的說明。西元18世紀上半葉的溫度計，是一種可供內含氣體或液體膨脹的玻璃管，並由2個固定點來表示量表刻度。至於作為固定點的溫度，可能是巴黎天文臺地下室的溫度、奶油融化的溫度、人體溫度或第一個春日的空氣溫度。直到西元18世紀後1/3時期，用融雪溫度作溶點、並以沸騰水溫當沸點的概念被普遍接受後，水銀溫度計才被英國釀酒廠積極採用。

另外，還有一項更重要的發展，則是由約翰‧理查森（John Richardson）於西元1784年所提出的「甜度計」，這類測量工具可確定萃取物的含量，故能由其含量的多寡來區分麥汁與啤酒，並以此確認品質。理查森最大的貢獻便是為釀酒業提供了一整套衡量系統，從測量工具至評估結果，所需表格一應俱全，為整個產業帶入了新概念——以萃取物作為測量單位。

然而自西元1830年起，波特啤酒逐漸失去眾人的青睞，取而代之的，是在維多利亞時期化身為深色斯陶特（Stout）的啤酒，如今愛爾蘭的吉尼斯啤酒廠（Guinness Brewery）仍有生產。不過，當時世人的口味

還是比較偏愛溫和、微甜的維多利亞淡味愛爾（Victorian Mild Ales），以及酒花味濃郁的淺色印度淡啤酒。這種啤酒的崛起與啤酒城特倫河畔伯頓（Burton-upon-Trent）有密切的關係。自從西元1839年該城的鐵路運輸連結至倫敦後，「印度淡啤酒」更大舉往世界各地輸出，在全球的啤酒市場成為霸主，直到抵達德國巴伐利亞才遇到強勁的對手。

重振德國啤酒業

恢復自由的釀造業

西元1833年，有兩位年輕人走遍英格蘭與蘇格蘭，造訪了無數釀酒廠，無論到哪裡都顯露出對製麥、釀酒技術細節的高度興趣；更誇張的是，他們竟然還用隨身手杖偷偷帶走廠家提供品嚐的樣酒。這兩人，一位是來自慕尼黑的小加布里爾‧賽德邁亞（Gabriel Sedlmayr der Jüngere，西元1811～1891年），另一位則是維也納的安東‧德烈爾（Anton Dreher，西元1810～1863年），他們共創了西元19世紀歐洲大陸的啤酒釀造廠新貌，並因分別擁有斯帕登釀酒廠（Spatenbräu）與施維夏特釀酒廠（Schwechater Brauerei），而躋身當時最重要的啤酒業者之列。

這對兄弟之交的自我培訓之旅，透露了歐洲大陸釀酒業者急於尋找靈感與出路，好讓自己從停滯不前中殺出重圍。眾人亟需創新的點子，因為法國大革命剛把神聖羅馬帝國那盤根錯節、且「沒有規則可循、有如大怪獸的」的結構打破，多數巴伐利亞修道院都已世俗化，公會也不再擁有當地啤酒銷售的強制權及一里禁區里程權。選擇新行業的自由權，更進一步打開啤酒釀製業的大門。

此外，拿破崙戰爭[2] 帶來了天文數字的損害與債務，各地當權者多想經由徵收高稅額來彌補與還債，而啤酒釀造業者通常正是首要目標。況且當時德國地區各諸侯國的發展，可說已到了天差地別的地步，當普魯士、薩克森地區的礦業、重工業與紡織業一片欣欣向榮之際，如今位於巴伐利亞上法蘭克、奧古斯堡－慕尼黑與紐倫堡周遭的工業區，直到西元19世紀末仍以農業為主，麥芽與啤酒在精緻農業裡扮演了重要的角色。「巴伐利亞最主要的國家產業，就是啤酒釀造業。」巴伐利亞政府首長伊格納茲·盧德哈爾德於西元1827年這樣確切地說。巴伐利亞這個農業國於西元1819～1868年間的國家預算裡，約有15%是來自啤酒製造業的稅收，這也對啤酒消費有推波助瀾之效，因此巴伐利亞每人的啤酒消耗量與其他德國諸侯國比起來高得多。「以國家經濟的角度來說，

---

❷ 拿破崙戰爭：拿破崙稱帝統治法國時爆發的大小戰爭，發生於西元1803年～1815年。

這樣強大的啤酒消費力是讓人樂見的，不僅因其投入啤酒釀造業的資本龐大，也因購買了啤酒，恰可遏止眾人轉而消費其他不如此健康或來自外國的飲料。」伊格納茲‧盧德哈爾德如此寫道。西元1800年後的巴伐利亞，果真成為一個「啤酒等同第五元素[3]之地」，法學家威谷勞斯‧馮‧克萊特邁爾如此註記。在此時期，賽德邁亞的斯帕登釀酒廠所產的底層發酵拉格啤酒，在世界各地奏起了凱歌。

　　而德國啤酒釀造業的工業化，在西元1820～1870年間持續進行著，然而真正落實，則是集中在西元19世紀後1/3時期。這個過程，有下列四項特徵。

1. 新設備的輔助

　　西元1845年，一位慕尼黑的鑑定師確認道：「僅容450蒲氏耳[4]（約15萬公升）的煮沸設備已不敷使用。」手工製造啤酒在此宣告過時。而工業化的製造方法則與技術的創新緊密相連，整個釀造過程一步步進行改善，首要項目是冷藏，除了可降低汙染風險，還能確保麥汁富含氧氣。另外，最令人欣喜的，莫過於節省能源的方法。慕尼黑釀酒廠採用了一種非常巧妙的熱能回收系統，在煮沸房裡，將「一個厚重的銅蓋，在啤酒烹煮期間，藉由絞盤蓋在平底鑊之上。」如此便可降低燃料費用；而改用能量密度很高的煤炭作為燃料，因為非常划算，所以也廣受

歡迎。在薩克森與波西米亞地區，早在西元1820年就已採取如此做法，但其他地區，直至該世紀中期，仍以木柴與泥炭為主。相較之下，慕尼黑斯帕登釀酒廠在西元1865年才想到以硬煤來為烹煮麥汁的平底鑊生火，算是晚的。

另外，冷卻設備在釀造拉格啤酒的過程中占了極重要的份量。法蘭克與波西米亞這些擁有天然岩石地窖的區域，占盡地利優勢；但其他地方，在溫度較高的日子裡，就得靠冰桶來維持發酵所需的溫度。不過這種方法很麻煩，效果也不好，而且容易引起微生物的孳生。因此，西元1830年左右，興起了建造地下冰窖的風氣，日後改為地上建築，作用是將冷氣傳送到緊鄰在旁或位居其下的發酵與儲藏空間裡；最佳範例是西元1829年建於皮爾蒙特（Pyrmont）的冰屋。而斯帕登釀酒廠則於西元1832年起採天然冰塊冷卻法；西元1841年，則建造了一座隔離效果良好、以冰層鋪設的儲藏地窖。西元1830年，騎士封地地主馮·史貝克在位於萊比錫附近的律茲薛納（Lützschena），以慕尼黑所建為範本，成立了一間備有「深拱型冰地窖」的拉格啤酒釀製廠。

大部分釀酒廠都設有淺型的冰槽，冬天時可用於收集冰雪，但份量卻不足以提供發酵與儲藏地窖的冷卻之用，所以短缺的量只好仰賴國際

❸ 第五元素：指讓一切功成圓滿的關鍵要素。
❹ 蒲氏耳：Scheffel，古代的容積估計器具，多用來測量穀物。

貿易來解決。西元1846～1868年間，斯帕登釀酒廠的冰塊需求量，由每年295公噸直線上升至16800公噸，而冰的成本則占了啤酒售價的2～10%不等。巴斯德[5] 估計，那時1公升啤酒須消耗1公斤冰塊，才足以達到所要的冷卻效果。西元1850～1860年，探討冷卻相關題材的文章持續發表中，可見這個議題是多麼引人關注。因為冷卻技術攸關釀酒廠與製麥廠的產能利用，巴伐利亞地區直到西元1868年都還沿用舊法規，規定釀酒業者只能在冬季進行釀酒。若想在夏季釀出品質穩定的啤酒，少了效果良好的人工冷卻設備是不可行的。

英國的狀況也相同，直到西元1871年代，都只能在當年9月至隔年6月間釀波特啤酒；愛爾啤酒則是在當年10月至隔年4月間作業。所以，即使在夏季釀酒禁令廢除後，巴伐利亞地區各地保留放暑假習慣的情形也不太一致，例如以出口為導向的庫爾姆巴赫（Kulmbach），於西元1871年起便開始全年釀酒，但斯帕登釀酒廠卻要等到西元1888年才加入。而讓啤酒釀造業進入全年無休狀態的轉捩點，則是卡爾・馮・林德（Carl Paul Gottfried Ritter von Linde，西元1842～1934年）所發明的氨氣壓縮製冰機[6]；斯帕登釀酒廠在西元1875年開始使用。

此外，蒸汽機也逐漸被引入釀酒與製麥產業中，不過德國的行動算是很緩慢的；西元1840年，第一部蒸汽機才被安裝在慕尼黑某家釀酒廠裡。西元1860年代初期，德國所有大型釀酒廠都已經用蒸汽動力生產；

然而大多數的中小型釀酒廠，則直到西元1900年左右，都仍以人力與水力為主要動能。

西元1830～1866年間，各地開始建造它們的第一座啤酒釀製工廠。例如，西元1836年德勒斯登的華德許勒斯顯釀酒廠、斯帕登釀酒廠於西元1852年所蓋的新廠，或是西元1854年於柏林所創立的華格納釀酒廠，以及多特蒙德（Dortmund）的提爾啤酒廠。

在啤酒工業化的初期，麥汁烹煮室的構造一般與製麥工房連結，如此才便於共用燃煤設備。但這連結到了西元1880年代卻開始崩解，因為麥芽製作與啤酒釀造業分家了。許多啤酒釀造工廠以新哥德式或巴洛克風格建造。而且自西元19世紀中期起，還衍生出專門製造啤酒釀造設備的工業。

就在此時，釀酒業與麥芽製造業開始各立門戶，如同英國在西元18世紀以前那般景況。不過德國與奧地利的做法有所不同，兩地的釀酒廠仍繼續經營自有的製麥工廠，只是這時的製麥廠已有自己所屬的廠房。但部分的麥芽需求量還是得仰賴其他專營麥芽販售的製麥廠供應，這類廠家多位於穀物種植區內的航運水道旁。對釀酒業者來說，在製麥設備

---

❺ 巴斯德：此處應是指路易‧巴斯德（Louis Pasteur，西元1822～1895年），法國微生物學家，被尊為微生物學之父。

❻ 氨氣壓縮製冰機：即今日的冰箱。

的費用折舊攤提完畢後，外購麥芽其實可以減輕財務負擔，因為購買穀物通常無法貸款，且麥芽庫存較少，資金負擔也較小。

　　除此之外，麥芽製作技術也有所改變。西元1818年，斯帕登釀酒廠就已研發出一種多層式烘乾機（許多片烘乾板交疊）來生產淡色且酶含量豐富的麥芽，不過這種設備常被誤認為是「英式」乾燥機。而隨著麥芽需求的急速上升，轉型為「氣壓式製麥廠」便是時勢所趨。自此，麥芽的生長可經由人為調節的冷風與濕氣來控制。

　　此外，還有兩種在法國研發出的系統，於西元1880年後被廣泛採用：約瑟夫‧嘉蘭德（Josef Galland）發明的滾筒式發芽機，以及其助理查爾斯‧薩拉丁（Charles Saladin）所改良的箱式浸泡工法（Saladin Box）。雖然這種氣壓式製麥法與傳統的人工翻麥（Floor Maltings）相較之下，不僅可全年無休地作業，且所需空間較小、成本較低，但當時許多德國製麥廠還是堅持依古法製造。西元1900年左右，約800所德國製麥廠中，只有55所採滾筒式發芽機，另有33家選擇薩拉丁箱式浸泡工法。

　　若想解讀德國啤酒釀造工業化的過程，最好的觀察切入點就是產能。遙想西元1800年，德國最大的慕尼黑HB皇家啤酒廠，產量不過230萬公升，但轉眼來到西元1895年，德國第五大啤酒廠的年產量已介於3000萬～5250萬公升。

2. 新式金融工具興起

　　一間大型釀酒廠的設備與營運管銷所需費用，遠超過普通民眾所能負擔的額度，而第一個適用此情形的創新金融商品，則是循環信用機制（Kontokorrentkredit）。生產拉格啤酒的酒廠，通常得在穀物收穫後支出原料費用，且最大的管銷成本多落在冬季製麥與麥汁烹煮，但大部分的營收卻得等到隔年夏季啤酒賣出之後才得以入帳。

　　此外，急速擴張的結果，還會導致庫存啤酒的價值高出企業整體資產許多，於是釀酒業者無法再以自有資金支付所有款項，斯帕登釀酒廠便因而成為第一個申請使用循環信用的業者。這項金融工具與銀行本票，很快就成為擴充中的釀酒與製麥廠不可或缺的經濟援助；至於股票，則屬薩克森地區的做法最有開創性。西元1836年，此地的業者便已成立第一家啤酒釀造股份有限公司，但直到西元1870年代，設立股份有限公司的概念才在各地風行起來。西元1871年，柏林有13家釀酒股份有限公司，不過只有2家是在西元1870年前成立的。而慕尼黑則有獅牌啤酒廠（Löwenbrauerei）於西元1871年轉為股份有限公司。

　　在這些轉換或成立股份有限公司的過程中，德勒斯登的安侯德兄弟私人銀行（Arnhold'sche Bankhaus）扮演了很重要的角色，該銀行很早就專注於啤酒釀造產業的融資事宜。由於其挹注於德勒斯登、拉德貝

格、庫爾姆巴赫、柏林，以及多特蒙德的資金，之後漸漸發展成「德勒斯登啤酒聯合銷售股份有限公司」，自西元1904年起，許多不同種類的啤酒，便經由該公司而打開市場。這些安侯德兄弟私人銀行的業務，即為日後啤酒釀造業銀行（Braubank）與德國啤酒釀造股份有限公司（Deutsche Bierbrauereien AG）的前身。

3. 市場狀況的改變

西元1834年，德意志關稅同盟[7]成立，大規模的內部市場就此成形。之後，測量單位的統一（公制磅[8]）及西元1837年的慕尼黑硬幣協定，使德國各邦國間的啤酒輸出與原物料交易簡便許多；此外，跨區域貨物交易市場也出現了，例如紐倫堡的啤酒花市場。鐵路交通方面，也由西元1835年僅6公里的長度——原本只連結紐倫堡至福爾特，延長至西元1865年達1萬5千公里的鐵路網。從此運輸費用大降，無論是從西利西亞地區與魯爾區（Ruhrgebiet）運送煤炭至巴伐利亞，或將波西米亞的穀物運載至薩克森區，都能以具競爭力的價格供應。

另一方面，當慕尼黑大型釀酒廠仍專注於本地市場時，法蘭克地區的啤酒外銷事業已蒸蒸日上。西元1842年，基特辛根（Kitzingen）、愛爾朗根（Erlangen）與紐倫堡共輸出200萬公升以上的啤酒，但慕尼黑的啤酒外銷量竟還只有少少的1200公升。屬上法蘭克區的庫爾姆巴赫，於

西元19世紀末期，已發展出數一數二的外銷啤酒大廠；西元1869年，該廠最暢銷的棕色啤酒輸出了610萬公升。同一時期，從慕尼黑售往外地的啤酒僅達240萬公升，一直要等到當地市場無法再擴展後，慕尼黑業者才有動力投入快速成長的全歐配送。西元1870年，全德已有2200萬公升的啤酒輸出，但跨越巴伐利亞邊境而來的，仍只有360萬公升。

與此同時，眾人的消費習慣也在改變。德國中部山區以北的地方，啤酒逐漸失去了市占率，約自西元1820年開始，有種馬鈴薯烈酒[9] 以更低廉的價格搶占了市場。這場便宜烈酒與營養啤酒之爭，在企業餐廳裡持續上演到西元20世紀。南德地區的啤酒飲用者，於西元19世紀，反覆改變口味偏好；西元1840年，許多人還很愛偏甜的深色啤酒，但同一世紀末，眾人卻奉淺色啤酒為時尚。此處所指的淺色啤酒，在德國是皮爾森啤酒（Pilsner）或多特蒙德出口啤酒，於英國則是愛爾淡啤酒（Pale Ales）。伴隨口味變化而來的，是瓶裝啤酒的興起。正當大家仍然認為深色底層發酵巴伐利亞拉格啤酒就該從酒桶裡直接倒出飲用才衛生健康時，柏林的大都會人士所愛的頂層發酵白啤酒，卻是從西元18世紀起便

❼ 德意志關稅同盟（Deutscher Zollverein）：由德意志邦聯的邦國組成。在工業革命的浪潮下，成立同盟有助於貿易及減少內部競爭。
❽ 公制磅：Zollpfund，等於500公克。
❾ 馬鈴薯烈酒（Kartoffelschnaps）：在波蘭與烏克蘭稱為伏特加，有「窮人烈酒」之稱。

習慣「以瘦長玻璃瓶[10]盛裝」，並讓其在瓶中繼續進行後發酵。因此，柏林地區的傳統，是先將啤酒運送至所謂的發貨商處，再進行裝瓶。

　　西元1860年代，底層發酵啤酒在柏林逐漸風行；西元1872年起，淺色的皮爾森啤酒更大舉進軍，這些酒都是以瓶裝型態販售。西元1868年起，提沃里啤酒廠（Tivoli-Brauerei）開始自行處理裝瓶作業，其他大型釀酒股份有限公司紛紛跟進。西元1875年，柏林人卡爾·迪特瑞希（Karl Dietrich）發明了翻轉瓶蓋，這種瓶蓋的瓶塞為陶瓷製品，再附一圈橡皮以密合。西元1911年，柏林地區的啤酒廠更協議製作樣式一致且附有翻轉瓶蓋的酒瓶，如此，後續的瓶子回收與押金給付的處理會比較簡便。不過，直到第一次世界大戰之前，除了柏林，或許還包括漢堡與布萊梅，其餘地區在瓶裝啤酒的進展都不大。

　　自西元19世紀末葉起，啤酒市場的樣貌已由業者主導型態，轉為消費者取向。西元1850～1865年間，一個啤酒廠家的整體成本中，生產費用占90%、行銷相關費用才占9%；但同樣的項目，西元1900～1913年間的比例，已呈80%比20%。此外，由於競爭越來越激烈，西元1895年起，各方論戰不休的問題，還包括那些標示了例如慕尼黑、庫爾姆巴赫、皮爾森、多特蒙德或維也納的啤酒，到底是在說明這酒的產地，或者應視為一款特定的啤酒？若作為產地，那麼，該啤酒應只能在指名的地方生產。但即使循法律途徑歷經各種冗長又艱苦的訴訟與判決後，這

些疑問仍無法得到令人滿意的解答。

有鑑於啤酒市場日益複雜多樣，不但顯見政府干預的意圖，勞工團體與消費者保護組織也出現了。西元1871年，德意志啤酒釀造業者聯合會（Deutsche Brauer-Bund）因應成立。該會除了代表會員維護經濟方面的利益外，相互交換資訊也是其重要的目標。

4. 釀酒廠的勞資關係

至西元19世紀中期為止，由於規模有限，一般釀酒坊不需要太多人手，通常動用與老闆關係密切的家人就足夠了。但隨著釀酒廠擴大，各地廠家的人事需求一併上升。西元1847年，巴伐利亞地區普通的釀酒坊，工作人員頂多3～4名，但慕尼黑的大型酒坊卻需16人左右。至於製麥與烹煮階段的人手，則多雇用遊走四方的手工匠人，或從附近農業區前來幫忙的季節性雇工。在工業化初期，這些人力也是各廠尋求具經驗熟工的主要來源。但有關機械操作（如麥芽培製機）、作業流程與管理分工方面，就需要專門的知識了，因此各專業領域形成了新式的企業層級劃分。例如，斯帕登釀酒廠老闆賽德邁亞的夫人安娜·羅莎莉，雖然長年管理廠內所有帳務，還一手操持家務與照顧8個孩子，到西元1854

---

❿ 瘦長玻璃瓶：多指容量為0.7公升的葡萄酒瓶。

年，也終於得雇請一位會計人員來分擔工作。

　　此外，全年無休的工作型態，也逐漸模糊了工匠師傅與一般工人的分際。他們的生活非常刻苦。那時還沒有法定工時的規定，每天工作至何時才能收工回家，完全隨雇主高興。例如布雷斯勞地區釀酒工的工作時間，可能是清晨4點到晚上7點；但希爾德斯海姆（Hildesheim）地區的工人，或許得從早上5點工作到晚上10點。而且，工作上的體力與精神負擔很大，也頗危險。鉛中毒、風濕病，以及因吸入穀物塵粒而引起的呼吸道疾病等，都是很常見的職業病。因此，釀酒工通常在30歲左右就無法再繼續原來的工作，也很難找到新的工作機會。另外，那時的工人們大多就住在釀酒廠，廠裡的更衣間與休息室，是他們過夜歇息的處所；廠內的酒吧，則是他們交誼、結識新朋友的地方。

　　雖然如此，但釀酒工起而組織代表會以維護自身利益的時間點，還是比其他行業晚得多；西元1885年，首度「釀酒人聯合會」（Allgemeine Brauerverband）代表大會才在柏林舉行。從此，啤酒釀造業的勞方環境逐漸獲得改善，不過速度是非常緩慢的。多數罷工活動對改善勞工條件的影響力很有限，更有效的做法，應是直接抵制某些特定釀酒廠的啤酒。第一次的抵制活動，是發生在西元1894年的柏林，長達8個月，且陸續有其他類似活動跟進。至於勞資協議方面，大部分釀酒廠是自西元1905年起，才開始接受協商。

釀酒科技的開端──學者參與釀造工作

學者的論戰及貢獻

西元17世紀初，煉金術士約翰‧托爾德（Johann Thölde，約西元1565～1614年）對發酵一事有如下想法：「……在這種經釀製的飲料中加入一點酵母，就會在啤酒內部引起一種發炎反應。它們會自行往上漂移，分泌出一種物質，使得混濁與清澈、清潔與不清潔的汁液分離。」至於酵母在啤酒中的作用，除了發出嘶嘶聲與冒泡泡外還有些什麼，兩百年後的釀酒師仍是一知半解。雖然學者已經指出，在發酵的過程中，糖分會轉換成酒精。不過，到底什麼是酵母，以及如何量化分析，這議題直到西元19世紀都還爭論不休，莫衷一是。但對此理解不夠清楚，會使啤酒釀造的工業化含有極高風險，因為無法掌控製造中最關鍵的過程。為了解決這個問題，有三個領域的人士一直分頭不斷努力著，他們是實務操作者、化學家與生物學家。

對於實際進行釀造的人來說，最重要的工作，就是記錄發酵的過程並統計起來。德國釀酒廠開始應用糖度計的時間算是晚的，加布里爾‧賽德邁亞自英國之旅返鄉時帶回一支，不久後確認道：「那個從前不知如何估算起的產量，自從我們知道糖度計並開始採用後，一切都清楚起

來，而這在英國的釀酒廠裡卻早已是必備的重要工具……不容分說，這不但開啟我們對發酵過程的新視野，返鄉後的實際應用也產生許多後續影響，包括進行底層發酵時開始採用冰塊等。」另一個致力研究酵母相關議題的團體，即是以尤斯圖斯·馮·李比希男爵（Justus Freiherr von Liebig，西元1803～1873年）為首的化學家們。西元1852年，李比希從吉森（Gießen）大學轉至慕尼黑大學任教，自然而然地與當地釀酒師有密切接觸。李比希與學生的代表性研究理論認為，酵母是無生命的催化劑，可讓糖加速分解為酒精與氧氣。而第三個對此議題興趣濃厚的人士，則是生物學家，例如查爾斯·卡格尼亞·拉圖（Charles Cagniard Latour，西元1777～1859年）、斐德烈希·庫清（Friedrich Kützing，西元1807～1893年）與泰奧多爾·許旺（Theodor Schwann，西元1810～1882年）等，他們認為酵母是種有生命的「糖菌」。不久後，微生物學家路易斯·巴斯德也加入了這些「生機論者」的陣容。這場化學家與生物學家的學院派論戰，隨著西元1871年德法戰爭爆發而越演越烈，且雙方各持本位主義僵持不下，直到出身慕尼黑的諾貝爾化學獎得主愛德華·布希納（Eduard Buchner，西元1860～1917年）的研究成果發表後，長久的爭論才終於落幕。

　　這些學者間的爭議，對釀酒師的燃眉之急實在幫助不大，畢竟他們需要解決的是麥汁被微生物汙染的問題。這種汙染雖不至於危及健康，

卻會讓啤酒的顏色混濁,並使品質明顯下降,而這事關鉅額的花費。西元1871年,巴斯德在倫敦惠特貝瑞啤酒廠(Whitbread)做了研究,結果顯示,該廠的庫存啤酒有20%受到有害微生物的汙染。一般啤酒廠是不會備置顯微鏡的,但這個問題若不解決,全年無休的釀酒型態,即天候溫暖也照常釀酒的作法,就得全憑運氣進行。西元1852～1876年間的霍亂疫情,讓民眾認識到保持衛生的重要性。而巴斯德更進一步指出,人類的疾病與啤酒的「疾病」,是根基在相同的原則上,這觀念對於企業著手改善衛生條件之事有推波助瀾之效。不過與此相比,執行起來更困難的,是改變廠內原用的酵母,以及防止這些酵母被有害的野生酵母汙染。因此,西元1883年,丹麥科學家愛彌兒・克里斯提安・韓森(Emil Christian Hansen,西元1842～1909年)所研究出的酵母培養方法,對啤酒釀造業來說是天大的革新。從此,採用韓森式設備,就能將單一的啤酒酵母細胞培養成可釀酒的酵母。

　　除了微生物學之外,啤酒內的有機與無機添加物也是個問題。自西元19世紀中葉起,大放異彩的食品化學研究,讓一樣樣危害健康的食品添加物攤在陽光下被檢視。公眾的憤怒促成了監督機關的設立,也讓各廠紛紛雇用化學專業人員;這種「啤酒廠化學師」,可說是學院派釀酒師的前身。西元1831年,在英國,就有羅伯特・沃靈頓(Robert Warington)受雇於杜魯門、漢伯里與巴克斯頓酒廠(Truman,Hanbury and Boxton），他應是擔任釀酒廠化學師的第一人。而特倫河畔伯頓的愛爾啤酒釀造廠，自西元19世紀中葉起，則與李比希的多位學生合作。安東‧德烈爾（Anton Dreher）的施維夏特釀酒廠（Schwechater Brauerei），自西元1860年代初起，聘請約翰‧卡爾‧雷梅爾（Johann Carl Lermer）為「啤酒廠化學師」。不過業者開始在廠內設置自有的實驗室，要在西元1870年代晚期，酒廠工業化後才看得到。

釀造學的興起

大家常說，德國的啤酒釀造產業之所以這麼興盛，得歸功於手工操作實務經驗與學院理論的結合。但真相是，如加布里爾‧賽德邁亞或安東‧德烈爾這類業者，原先更希望的是能把一身絕技與經驗留為己用。所以，我們可猜想，西元1853年，賽德邁亞的親戚兼長年密切合作夥伴菲利浦‧海斯（Philipp Heiß，西元1812～1860年）發表新作《啤酒釀造廠之濃麥芽啤酒釀造實務》（*Die Bierbrauerei mit besonderer Berücksichtigung der Dickmaischbrauerei*）時，這兩位絕對感到很心痛。海斯在書中詳述甫建廠完畢的斯帕登釀酒廠新廠設備，並鉅細靡遺說明了慕尼黑與維也納酒廠的釀酒方法。他寫這本書，簡直是拿自己的前途與工作開玩笑，但此書卻為往後的啤酒相關教科書奠下實務基礎，許多知識仍被啤酒釀造業者沿用至今。

　　而釀酒業者與科學家的確可以合作無間，最有名的例子就是慕尼黑教授卡耶坦・馮・凱薩（Cajetan von Kaiser，西元1803～1871年），他曾與海斯、賽德邁亞與其他啤酒業者密切合作。西元1837年，凱薩教授應求知慾旺盛的年輕釀酒師請求，開辦一系列以自然科學角度來探究的啤酒釀造課程。這些講座很快在啤酒釀造圈裡傳開，多年陸續累積了超過1000位國內外業者慕名前來聽講。西元1865年，卡爾・林特納（Carl Lintner，西元1828～1900年）教授在弗萊辛−懷恩史蒂芬（Freising–Weihenstephan）的「農業中央學校」（Landwirtschafliche Centralschule）開設了一堂稱為「釀酒師之路」的課程，為學院派釀酒師的養成揭開序幕。

新與舊，
展望啤酒文化的未來

——珍藏傳統，釀出新創意

戰後的釀造業發展

　　在過去一百年裡，啤酒釀造業的發展基本上可由三方面來觀察。世界大戰期間及戰後不久，眾人最迫切關注的首要議題，是如何獲得足夠的營養與熱量，而啤酒也得滿足這個需求。一直要到德國經濟起飛年代的初期，啤酒的口味和品牌才越來越受重視。因此，戰時及戰後所釀的啤酒，大多希望能盡量符合廣大群眾的口味，讓大家成為潛在客戶。那時，美國在禁酒令[1] 終於解除後，真的釀造出一種大眾化的溫和啤酒，人人都適合飲用。不過約在30年前，這種啤酒竟瞬間失去了市占率，只因躍躍欲試的釀酒師發揮了創意，使在美國稱為精釀酒師（Craft Brewer）的業者躍上舞臺。

　　與許多在美國功成名就人士相同的是，這段運動的歷史也是從小小的車庫間開啟。這些創意釀酒師自始至終想與傳統的美國拉格啤酒（American Lager）劃清界線，包括加入大量的啤酒花，以及採用通常與之搭配的冷窖藏法等等，讓美國啤酒釀造的多樣面貌無人能及。例如位於奧勒岡州的波特蘭，人口僅50多萬，卻擁有50座釀酒廠。而這股風潮

---

❶ 禁酒令：西元1920～1933年，為避免酒後亂性對社會造成不良影響，美國推行全國禁酒。

也影響了許多非傳統的啤酒國度，例如義大利、法國，甚至連丹麥與德國也感受到這股影響力，雖然做起來還是有點施展不開就是了。

　　第三階段的發展，則是近期才開始推動，即除了固有、毋庸置疑的優點外，也積極為啤酒找出更多值得推薦之處。這不單只是想以炫目的色澤、泡沫與口味來博得愛用者歡心而已，現在想的是如何讓啤酒也能適合慢性病患者飲用，例如罹患糖尿病、痛風與乳糜瀉[2] 的人等，而且酒中最好還含有幸福賀爾蒙或能防止其他疾病與老化的物質。

　　回想世界大戰期間，啤酒釀造發展可說再度被重重敲了一記，尤其因糧食供給的關係，國家乾脆直接出手調控。作為糧食之一的啤酒，其原麥汁含量因稅制規定而越來越少，穀物與麥芽的品質每況愈下，還有不肖業者拿不該用的原料來釀酒（如洋薑、乳清等）。直到第一次世界大戰結束，約西元1923年，因國家啤酒稅法規定，科隆地區的釀酒業者才再度完全以麥芽來釀酒。這法規的施行範圍幾乎遍及整個威瑪共和區域，巴伐利亞的「純粹釀造法規」也包含在內。此時巴伐利亞正由原本的王國型態轉為自由邦，但這條法規依然保有其重要性，並在新成立的共和國裡成為全面通行的規定。

　　再細細窺探這些法條的全貌，便會發現歷史變遷的痕跡。西元1906年，德國還擁有許多殖民地時，稻米、蕎麥與高粱都在當時法律的容許範圍內（但不包括巴伐利亞、巴登與符騰堡區)，甚至還能作為釀酒原

料。但失去殖民地及威瑪共和建立後，國家啤酒稅法重新做了調整，從此所有釀酒用穀物都得經過發芽的工序，而稻米、玉米和高粱不准作為發芽使用；至於蕎麥，則是連談都不用談。有意思的是，這些穀物多半不在歐洲大陸種植，或者品種不適合用來釀酒，可能是為了本地農產品的利益，保護主義居中產生作用也不一定。之後，啤酒（稅）法就未再有過特別的更動。

過去數十年來，大家只想努力保衛這些法規不受歐洲統合的影響；雖然行動非常慷慨激昂，最終還是一點用也沒有。

目前眾人努力的方向，是想將純粹釀造法規以世界文化遺產的名義，向聯合國教科文組織申請保護。歐盟的部分法令，使釀酒業者得一而再、再而三地出手捍衛傳統，例如確定各大戶外啤酒花園仍可繼續使用陶土杯[3]（以上巴伐利亞小村凱爾羅為名）來供應啤酒的判例，即便這種杯子的外觀並沒有刻度供人確知容量也無妨。其實，以前的人上小酒店時，都是拿著這種空酒杯，朝櫃檯上一放，店家就知道要往杯裡注入份量恰好的啤酒。而戶外啤酒花園可是德國南方特有的產物，無論在文化或社會方面的意義都非常珍貴。這種能聚集眾人的場所，很難有其他

---

❷ 乳糜瀉：自體免疫疾病，患者須食用不含麩質的飲食；而含麩質的穀類包括小麥、大麥、黑麥、燕麥等。

❸ 陶土杯：如今仍可見的德國陶土啤酒杯，是西元1808年在此地發明的。

餐飲型態能與之相比；在這裡，沒有年齡、性別、出身或其他條件的限制。所以，多年來眾人還有個非常重要的堅持，便是努力維持兩百年的傳統，不去改變該場所的營業時間。從古至今，啤酒花園或法蘭克地區的啤酒地窖，都現場供應自家釀造儲藏的酒，讓來客可在樹蔭下直接喝上一杯；至於供餐，倒不是必要的。這種不一定供餐的美好傳統就這樣持續到今日，只要是在符合以上定義的啤酒花園裡——在巴伐利亞也稱為老闆花園——每個人都可以帶自己的食物去享用，唯有飲料必須在店家點選消費。

超越飲食的新價值

關於未來，應有兩股趨勢。一方面，隨著全球化發展的不斷推進，所謂的農業綜合企業中心（Agrobusiness-Zentren）將應運而生。在那裡，釀酒的前製產品將在適合該作物農耕條件的環境裡一一先行製作。以製糖為例，我們可以料想，世界上那些適合大型農耕的區域，例如美國的北美大平原或農業經濟環境能與之媲美的烏克蘭，必會善用其實力好好生產。而後，將產出的農作物就地提煉成糖，乾燥後，運輸至人口

聚集且水利資源良好的地方，再投入各產業繼續精製。以此類推，自古以來得按部就班的啤酒釀造過程，就會被分批處理的製程所取代。這一切將使啤酒釀造較容易掌控，經濟效益較高，且產品更能標準化。但也因為如此，另一股趨勢同樣有擴大穩定成長的傾向，那就是美國的精釀啤酒，以及比利時、捷克、英國與德國遵循古法釀造的啤酒廠，這時更顯得耀眼獨特。此外，來自非洲與其他洲的啤酒，只要是品質上乘、保留傳統的佳釀，都應有資格在全球市場爭得一席之地。

因此，關於啤酒這個內涵豐富的話題，我們所談論的不再只是飲料；現今的啤酒已成為某種表達生活感受的媒介，代表的是一種品味。關於此，比利時的釀酒師非常明瞭，因而懇請消費者，千萬別把啤酒瓶蓋一掀，湊著瓶口就喝起來；也別胡亂拿個漱口杯就倒，一定要精挑細選適合的玻璃杯或高腳杯再好好享受。釀酒師們越來越有自信，更願意展現自己的個性與價值，就是希望精心釀製的作品能與大量製造的商品有所區隔。支持這個個性化過程的重要關鍵，是眾人的感知，即理解自身與某些企業歷史及傳統並非毫不相干，甚至仍與最古老的世界有著一絲聯繫的感覺；而這一切都是種品質保證，且能與某款獨特的啤酒產生連結。

想想今天尚存於世的，也只有成立於西元718年的日本法師溫泉旅館（Hoshi），能比懷恩史蒂芬（Weihenstephan）國立釀酒廠（西元1040

年）與威爾騰堡修道院（Kloster Weltenburg）的釀酒廠還古老。

　　回顧過往，啤酒的歷史真是讓人讚嘆不已，在全球化的氛圍下，未來將會如何前進，令人衷心期待。

國家圖書館出版品預行編目資料

釀・啤酒：從女巫湯到新世界霸主，忽布花與麥芽的故事 / 法蘭茲・莫伊斯朵爾
弗（Franz Meußdoerffer），馬丁・曹恩科夫（Martin Zarnkow）著；林琬玉譯. ──
初版. ── 臺北市：日月文化，2016.03　208面；14.7×21公分. ──（美好食光；6）
譯自：Das Bier–Eine Geschichte von Hopfen und Malz
ISBN 978–986–248–534–7（平裝）

1.啤酒 2.酒業 3.通俗作品

463.821　　　　　　　　　　　　　　　　　　　　　　　105000499

美好食光 06

釀・啤酒
從女巫湯到新世界霸主，忽布花與麥芽的故事
Das Bier　Eine Geschichte von Hopfen und Malz

作　　者：法蘭茲・莫伊斯朵爾弗（Franz Meußdoerffer）
　　　　　馬丁・曹恩科夫（Martin Zarnkow）
譯　　者：林琬玉
主　　編：謝美玲
責任編輯：陳姵君、林毓珊
校　　對：陳姵君、謝美玲
封面設計：劉克韋
美術設計：林佩樺

發 行 人：洪祺祥
總 編 輯：林慧美
副總編輯：謝美玲
法律顧問：建大法律事務所
財務顧問：高威會計師事務所
出　　版：日月文化出版股份有限公司
製　　作：大好書屋
地　　址：台北市信義路三段151號8樓
電　　話：(02)2708–5509　傳　　真：(02)2708–6157
客服信箱：service@heliopolis.com.tw
網　　址：www.heliopolis.com.tw
郵撥帳號：19716071 日月文化出版股份有限公司

總 經 銷：聯合發行股份有限公司
電　　話：（02）2917–8022　傳　　真：（02）2915–7212
印　　刷：禾耕彩色印刷事業股份有限公司
初　　版：2016年3月
定　　價：300元
I S B N：978–986–248–534–7

Original title: Das Bier– Eine Geschichte von Hopfen und Malz
Text Copyright © 2014 by Franz Meußdoerffer, Martin Zarnkow
© Verlag C.H.Beck oHG, München 2014
through Jia–Xi Books Co. Ltd.,Taipei
Complex Chinese translation copyright © 2016 by Heliopolis Culture Group
All rights reserved.

生命，因閱讀而大好